构建底层逻辑

[英] 艾萨克·瓦茨（Isaac Watts） 著
卢东民 译

图书在版编目（CIP）数据

构建底层逻辑 /（英）艾萨克·瓦茨（Isaac Watts）著；卢东民译. —北京：世界图书出版有限公司北京分公司, 2024.2
ISBN 978-7-5232-0868-7

Ⅰ.①构… Ⅱ.①艾… ②卢… Ⅲ.①成功心理-通俗读物 Ⅳ.① B848.4-49

中国国家版本馆 CIP 数据核字（2023）第 192394 号

书　　名	构建底层逻辑
	GOUJIAN DICENG LUOJI
著　　者	［英］艾萨克·瓦茨（Isaac Watts）
译　　者	卢东民
策划编辑	张　坤
责任编辑	梁沁宁
装帧设计	MM末末美书
出版发行	世界图书出版有限公司北京分公司
地　　址	北京市东城区朝内大街 137 号
邮　　编	100010
电　　话	010-64038355（发行）　64037380（客服）　64033507（总编室）
网　　址	http://www.wpcbj.com.cn
邮　　箱	wpcbjst@vip.163.com
销　　售	各地新华书店
印　　刷	天津旭丰源印刷有限公司
开　　本	710 mm×1010 mm　1/32
印　　张	8.5
字　　数	149 千字
版　　次	2024 年 2 月第 1 版
印　　次	2024 年 2 月第 1 次印刷
国际书号	ISBN 978-7-5232-0868-7
定　　价	56.00 元

版权所有　翻印必究
（如发现印装质量问题，请与本公司联系调换）

推荐序一

一部充满实用智慧的书

《构建底层逻辑》一书充满了实用性智慧。美国爱荷华州立大学历史系主任L.F.帕克（Leonard Fletcher Parker）教授这样写道："历时20年，瓦茨耗费极大精力写出了这本关于改善思维方式的书。因其全面性和启发性，它至今仍是同类书籍中的佼佼者，简直到了无与伦比的地步。如果有人向处于积极生活边缘的年轻人推荐这本书，而且后者还仔细阅读了，那么他所做的事情就意义非凡，值得被所有的思想和生命铭记。"

这本书包含了各种改善思维方式的建议与指导，其重要性堪比专著。其中很大一部分内容来自自我观察，以及研究其他人在追求学问或处理日常生活事务时所显露出的脾性、情感、语言、行为，作者将其进一步探究，整理成文。还有一部分来自阅读,有些书籍甚至直接提供了这本书的写作素材。虽然这部分占比很小,但不得不承认其他作家的观察、思考对这本书提供了很大的帮助。

斯蒂芬·N. 费洛斯(Stephen N. Fellows)

推荐序二

为什么及怎样阅读这本书

瓦茨博士的《构建底层逻辑》(*The Improvement of the Mind*)一书非常受欢迎。就同一主题而言,可能没有其他作品能像这本书一样得到如此高的认可——别的不说,通过阅读,读者就能获益匪浅。就评价阅读这一行为而言,这似乎是最重要的。

本书研究的对象

怎样构建底层逻辑,提高思维能力,提高个人的认知水平,这是作者在创作中最关注的问题,也是占比最重的内容:教年轻人如何高效学习知识、培养与发展多项能力,如何完成从知识到能力的转化,怎样形成独立思考的能力、提升和开阔眼界、培养良好的习惯——简而言之,怎样更好地武装我们的大脑，使思维能力完成质的跨越，进而让我们有能力追求真正有价值的东西，成就理想的人生。

本书的实用性

只要能够理解并付诸实践，本书对年轻人来说最为有用。我们应该考虑的是，这本书的主要优点来自它的长远影响。它为我们追求所有其他研究奠定了基础，并以最佳方式展示了运用所有其他知识和改进思维的手段。

每位读者都会毫不犹豫地说"这本书非常出色"。毫无疑问，这是最大的认可及欣赏。这不是一天的成果，而是花费了20年心血精心创作出来的极具价值的一本书。此书源于精心挑选的种子，栽培于最肥沃的土壤，灌输了富有远见卓识的思想，在温暖的阳光下沐浴，接受了岁月的洗礼。

这是"一本不可多得的书"，约翰逊（Johnson）博士在《瓦茨的生活》（*Life of Watts*）中说，"我很少会带着比推荐《构建底层逻辑》更加愉悦的心情去推荐一本书。在洛克的《理解能力指导散论》（*Conduct of the Understanding*）中确实可以找到激进的原则，但是瓦茨将这些原则展开并加以说明，成为本书的亮点，这非常实用。如果你想指导别人，却没有推荐这本书，可以说你没有尽到职责"。

本书讲述了逻辑学相关内容，是一部逻辑学方面的著作。它可能优于任何书籍，也适合回答伟大而高尚的逻辑问题。事实上，作者似乎也认为本书讲述了逻辑学的内容。几年前，他出版了一部深受好评的著作——《逻辑学》（Logic），他认为"学识渊博的人可能会将本书作为《逻辑学》的第二部分或补充"。

虽然作者认为它不应被称为专著，但在我看来，它似乎远远优于之前的作品，并且优势突出。它应该被认为是作者同类主题著作中的第一部分，因为时间顺序或研究安排使它更容易理解。正如通常认为的那样，逻辑是调查和传播真理的艺术。作者认为这仅仅是补充，相比较之前有关逻辑学的书，也许这本书更有资格被称为逻辑学著作。当然，在获取知识的道路上，已经完成的其他作品都不能如此清晰、安全、直接、生动地充实我们的大脑。尽管存在一些细微的缺点，但它具有生动活泼的阐释、简洁明了的语言和富含哲理的格言，如果向每一个真理爱好者推荐一本书，它都会是再好不过的选择。

本书最大的特色

本书非常符合实际，虽然其内容远远不能成为至理名言。作者非常充分、清楚、愉快地陈述了理由，不断告诉我们，如何思考、如何感受、如何交谈、如何采取行动，以使我们变得更聪明、更优秀。

本书将理论与实践相结合。或许其他的优秀作品都没有将理论、实践和阐释更和谐地结合起来，我们做到了。因为从其他作品中汲取了灵感，这本书既能够进行高深的推测，也能够促成最有用的实践。保守地说，本书能够在生活中最重要的事情上帮助我们，它一章的内容甚至比洛克①、里德②、斯图尔特③和布朗④的所有名作中的内容都更为丰富和实用。

应该忠实地研究本书。它含有丰富的指导性内容，可以用来规范我们的行为，还能唤起能量，这些是必需的，也应该是思维中最熟悉的部分。一两次仓促的研究都不能够用来

---

① 约翰·洛克（John Locke，1632—1704），英国著名哲学家，启蒙运动的代表人物之一，代表作有《论宽容》（*A Letter Concerning Toleration*）、《政府论》（*Two Treaties of government*）等。
② 托马斯·里德（Thomas Reid，1710—1796），18世纪英国著名哲学家，苏格兰常识学派的创始人，是当时最重要的哲学家之一。
③ 杜格尔德·斯图尔特（Dugald Stewart，1753—1828），英国哲学家，苏格兰常识学派的代表之一，是里德的学生。
④ 托马斯·布朗（Thomas Browne，1605—1682），英国哲学家、联想主义心理学家，代表作有《医生的宗教》（*Religio Medici*）、《人的心灵哲学演讲集》（*Lectures on the Philosophy of the Human Mind*）。

了解它的部分内容。

　　本书内容丰富，只有深入阅读本书，才能熟悉其中的所有实际指导知识，不断地将它们应用于思想和行动中。阅读过十次，对其中的内容讲述过十余次，并就其中的不同主题演讲过之后，我悲哀而失望地发现，这本书中有很多令人钦佩的规则我还只是略知皮毛，更不必说实践了。然而，我仍不禁相信它对我来说是有益处的，花在研究、思考、教学或推荐其内容上的每一分钟，都能够帮助我调整自己的思想、感情和追求，使我在实践中的缺点更少。如果在青少年时期经常彻底地研究这本书，毫无疑问，我可能会是无比卓越的。我年轻时的指定教科书就是这本书，而不是洛克的不朽作品。

　　这本书应该被介绍给更多的人。数以百万计现在和将来的青年、学生可以从这本书中获得显著的优势，我已经意识到读者可能获得的一切。

约瑟夫·爱默生（Joseph Emerson）

作者自序

  这部作品是在不同时期逐步完成的，其过程十分缓慢。有时候，它就像四月的绿植，枝叶慢慢伸展开，一周能长出七八片新叶；有时候，它像冬天的蔬菜，在几个月中完全停止生长，连半片新叶都没有。

  每当我在阅读和沉思中有所获，或者在观察人类的种种表象时有特别留意的东西，就会把它们分门别类地整理到不同的条目下，这些内容经岁月流逝慢慢简化、升华与提炼，形成了本书着重介绍的方法论。

  这本写了20年的书，风格上或许有些变化，不过我并不希望读者会觉得其中有大的观点差异。后面几年我还对它进行了完善：修正了一些错误，同时也使表达更加多样与精确。如果细心的读者发现本书中确实存在某些观点上的不一致，请原谅我，尽管全心全力创作，失误仍不可避免。

  本书的语言和方式都受同时代社会思潮的影响，或严肃或轻松愉悦，有些地方有过于严肃之嫌，不过这种情况并不多见。

还有一点我应该深深致歉，就是由于创作时间跨度比较长，可能会导致某一观点的重复阐述，不过有些地方却是我有意为之，因为它们再怎么强调都不为过。所以，为了便于理解与实践，非常有必要对重要的规则一再强调，以便给读者留下深刻印象。如果读者把它们看作不完整的草稿，我将会感激他们的幽默和宽容。这些草稿源于闲暇时刻偶然获得的想法，并在某一天又将它们汇集成蓝图，从而指出学习与生活中最公平、最富有成效的方法。

但是我感觉自己在明显变老，健康状况也不足以支撑我来完善规划——扩大部分内容的影响，确认和完善规则，用更丰富和更合适的例子来阐述一部分内容。这个主题几乎永远不会完结。

我希望这些规则、提示会对年轻人有帮助，希望他们通过仔细阅读，在青少年时期开始刻意培养自己的思维能力。也许他们会发现有用的东西，而这可能会唤醒一个潜在的天才，并引领他走上研究的道路。或许它可能随时向青年人指明，他的思维在哪些方面最有益，并能够促使他在重要的研究中更加勤奋。一个朝气蓬勃的年轻人可能会特别关注某些章节，它能保护他不犯低级错误，并避免某些徒劳无功的尝试。

  同时我们也注意到,在这个时代,女士同样追求事业上的成功,甚至在日常生活中如男士一样渴望思维上的改善。这是值得鼓励的现象,虽然本书有狭隘之处,但任何人都能从中发现对自己有用的内容,这一点是毋庸置疑的。

艾萨克 · 瓦茨（Issac Watts）

目录
CONTENTS

第 1 部分
一些帮助你获取有用知识的指导

引言	002
第 1 章　改善思维能力的一般规则	004
第 2 章　观察、阅读、听讲座、交谈以及研究	018
第 3 章　观察的一般规则	033
第 4 章　书籍和阅读	039
第 5 章　如何评判一本书	050
第 6 章　老师的指导和听讲座	061
第 7 章　了解作者的创作意图	066
第 8 章　通过交谈提升思维能力	070
第 9 章　解决争议	086
第 10 章　关于研究或沉思	092
第 11 章　集中注意力	100
第 12 章　提升思维能力	105
第 13 章　提高记忆力	116
第 14 章　如何做决策	138

第 15 章	探究因果	150
第 16 章	教学和听讲座的方法	153
第 17 章	塑造清晰的教学风格	161
第 18 章	如何说服他人	165
第 19 章	合理使用权威	173
第 20 章	如何对待和处理偏见	180

第 2 部分
一些帮助你更好地教育孩子的建议

第 21 章	论儿童及青少年的教育	186
第 22 章	天赋能力的训练和提升	189
第 23 章	自我管理	197
第 24 章	阅读与写作的艺术	204
第 25 章	审慎的原则	207
第 26 章	生活的装点与成就	210
第 27 章	防范人与事物的负面影响	218
第 28 章	孩子的运动及娱乐	221
第 29 章	在男孩的教育中约束与自由的原则	237
第 30 章	在女孩的教育中约束与自由的原则	249

第 1 部分

一些帮助你获取有用知识的指导

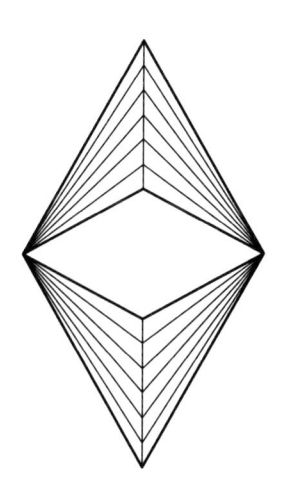

引 言

人不能天生知晓一切，但所有人都有提高自己理解能力的义务；否则，人的认识领域将变成一片荒漠，或是布满野草和荆棘的树林。被忽视及未经任何培养的思维将会充满普遍无知的错误。

熟练掌握科学技能确实是一部分人的职责和工作，但是世界上有许多人处于较优越的地位，这为他们提供大量的机会以培养自己的理性，并学习各种知识，用以扩展和深化他们的思维。即使是地位没有那么优越的人也有自己的职业，而这种职业要求从业者获得一定程度的技能；如果不对自己的职业进行反思和复盘，想要很好地完成工作，并不是一件容易的事情。

作为社会性动物，每个人在获得相关的利益时都承担相应的社会责任。与家庭、邻里或政府之间固有而必要的联系，都促使我们在各种情况下使用思维能力；我们需要在生活中有规律地训练自己，以提升对现实判断的准确度——如果发现事物本质的能力始终处于较低的水平，我们的行为就会不断地出错。

因此，只要一个人的立场、能力和处境能提供合适的途径，那么提高他的认知能力，训练他的判断能力，锻炼他把知识转化成解决实际问题的能力，获得良好的推理能力，对于每个人的生活来说都是义不容辞的责任。判断上的错误可能使我们在现实中一再陷入被动，如果我们不加思考或者不能理性行事，就会常常对邻居、亲人或朋友造成伤害，也会给自己带来损失与痛苦。

第 1 章　改善思维能力的一般规则

深刻铭记良好判断的重要性，以及正确推理不可估量的益处。回顾生活中的不当行为，如果你从早年开始就已经承受了应有的痛苦，并且吸取了相应的教训，还学会了用正确的判断来处理后面遇到的事情，那么，你就明白自己将要免去多少愚蠢而低级的错误，避免多少悲伤和痛苦。

人类的动物性，使得我们存在人性上的弱点和缺点，而这会带来各种各样的麻烦。考虑到真理的深奥和难度，谎言谄媚的表象，以及由此产生的判断事物时所面临的种种风险，大量阅读描写人类的偏见、歧视和愚蠢的书籍，尤其是历经时代检验的经典作家的相关作品，能让我们对类似的情况保持警惕，使我们的内心不再轻易地被偏见、歧视蒙蔽。

四种优化问题解决方案的办法

对如此重要的事情仅仅略有看法是远远不够的。我们应该用更有效的方法来增强对重要但却易被忽略的主题的认知，随时以空杯心态来对待知之不详、知之未深或根本不知道的事物，并可能追求更好的解决之道。在追求的过程中，你会发现这四种方法行之有效：

一、对科学领域里基本学科的基础性概念与理论有一定程度的认识。科学领域的疆土无限宽广，作为"生也有涯"的人，我们应该对其中发挥重要作用的概念、原理有所了解。甚至为了提升判断力和认知力，还需要对它们进行系统性的研究。不过这种研究明显是循序渐进和有计划的。

二、培养自己提问题的能力。这一点经常被遗忘，一般情况下大家更热衷于寻找答案，并且认为能就具体问题给出答案才能彰显个人的学识与能力。其实，一个好的问题更具有价值。想想那些近年来进步迅速的学科，即使在这样的学科内，还有问题等着后来者解答。

三、偶尔要花费一长段的时间来钻研某一个难度较大的问题。这样做的目的是对自己知识掌握的程度和理解力的欠缺有比较直观的认识。它将告诉你，当大地上一棵草、一粒尘埃都超越了你的理解，战胜了你的自大时，幻想自己无所不知是多么徒劳无益，这也将使你谦虚地考量你目前的成就。

阿利斯摩（Arithmo）穷极一生研究数学，并认为自己是个完完全全的数字大师。但当他被要求给出数字2的平方根时，他努力去做，并为之花费了很长时间，最终他承认这个问题的结果是无穷的；然而研究过这个令人困惑的问题后，他变得很谦虚、谨慎。当我们不再盲目自恃时，在某种程度上我们的个人能力也得到了提升。

四、多阅读经过时间检验的经典书籍，同时也接触特定学科的最新研究成果和热门问题。结交学识和人品俱佳的朋友，通过与他们比较全面的交往，对比自己与他们的差距，并努力改善自己的行为。开放而值得赞赏的模仿会让你更加勤奋。如果从来没有遇见斯西托里奥（Scitorio）和帕里德斯（Palydes），瓦尼勒斯（Vanillus）就不会意识到自己只是一位哲学领域的新手，也不会督促自己如饥似渴地学习。

请记住这一点，如果你重视某些肤浅的收获，并自我膨胀，认为自己就是一个学识渊博之人，就给自己构建了一道最不可逾越的障碍，阻断了继续进步的可能，相应地你会沉溺在懒惰中，在严重且可耻的无知中放松自己。

学习与思考缺一不可

<u>不要过分依赖聪明的天分</u>。仅仅依靠天分,就没有学习和实践的动力,长此以往,永远不会成为知识渊博、富有智慧的人。对于那些富有活力却总在寻求快乐的人来说,这是一个不幸的诱因,他们总是目光短浅地满足于眼下的快乐,完全放弃了追求知识和进步的可能。

这些人认为自己能在人群中大放异彩,并在常规话题的演说中一鸣惊人,而后就放弃了阅读和个人提升的其他途径,在无知中逐渐衰老。但是一旦失去了与生俱来的青春和活力,他们就变得愚蠢、粗鲁,甚至会受到他人的蔑视和嘲笑。

露西杜瓦(Lucidus)和斯金蒂洛(Scintillo)就是这类年轻人。他们在谈话中总是表现得光芒四射,却不知道自己是在一群更加无知的人面前展示与生俱来的博学,还为自己生动而美好的形象感到自豪,并断定自己明智且博学。但是他们最好避开真正的饱学之士,也不要尝试更有深度的推理,而我建议他们每天都应该思考一下不远的将来。如果不改正这种作风,他们长大后将会成为乏善可陈的人。

智者有足够的意识去认识自己的弱点,也因此能熟练地避开争论和攻击，或大胆地假装不在乎自己的弱点，由于清楚自己的无知，他们会由衷地认为自己需要学习更为精深的知识。

不能因为自认有天赋，就断定自己是个有学问的人，同样也不能认为长期大量的阅读和强大的记忆力会给你带来真正的智慧。

一位优秀的评论家关于到底是天赋还是学习造就了优秀的诗人的相关论断，适用于判断各种科目的学习：

一直存在这样的争论——对于诗人而言，天赋和学习到底哪个更重要。我坚持这样的观点：没有天赋的学习不会有用武之地，而没有学习的帮助，天赋注定会一无所成。它们必须结合起来，诗歌才会闪耀出超然的光芒。

——奥尔德姆（Oldham）

沉思好学，在不断累积的阅读的基础上运用判断和推理能力，甚至能给最突出的天才以良好的思维能力。一个记忆力很强的男孩或许能将整本欧几里得的作品倒背如流，但他难以成为优秀的几何学家，因为他可能证明不了其中任何一个定理。

藏书丰富的图书馆和强大的记忆确实对改善思维有着独特的作用，但是如果所有的学习只不过是积累别人的研究成果，没有思考其中的意义，也没有对想要学习的内容做出明智的取舍，更不会适时地锻炼自己的判断能力，那么在这个人身上我根本看不出真才实学存在的迹象。虽然他已经阅读了丰富的哲学、生物、物理和数学，以及其他关键学科的相关作品，但如果这个过程中他只用到了记忆力，而忽略了推理和分析能力，那么最适合他的称呼只有"兴趣广泛的阅读者"，而非其他更具影响力和吸引力的名号。

让学习和发现成为乐趣

不要贸然认为能在懒散和轻松中收获学习的果实。根据已故大法官金（King）的座右铭，除非你决心努力学习，并且能使学习成为你生活中的乐趣，否则不要放弃任何一个学习和增强实践能力的机会：实践能深化你的认知。

一个沉迷于奢侈享受与娱乐消遣的人，除非脱胎换骨、洗心革面，做到能够在书籍和文章中深刻地体会纯粹的乐趣的程度，否则永远不要假装自己全身心地投入学习。

索布里诺（Sobrino）是个温和的人，同时也是位哲学家，他心灵宁静而健康，学识水平与日俱增。尽管他的食物远远称不上昂贵和精致，不过他心满意足。

热衷安逸的朗基诺（Languinos）决心成为一名学者，但他生性懒散，从来不喜欢读书。除了身上穿的衣服和名字，他一无所有，也因此饱受同行的嘲讽和轻视。

学习并不是枯燥乏味的。可能的新发现和收获更进一步的知识，都能给你带来进步的喜悦和满足。不要因为一门学科已经存在了500年甚至1000年，就觉得它已经穷极了领域内的真理。应该保持好问的精神，绝不中断追求的步伐。也不要认为眼前接触的知识都是完美的，没有更上一层楼的余地。时代在发展，唯一能够确定的就是在不断改变。

即使在今天，还是有大量的未知领域等待有识之士的探索和研究。每个学科还是有机会出现类似牛顿这样的人物，不是吗？我们应该抱着能找到新发现的希望，不停深入探究事物的本质。

深入探究事物

不要总是停留在事物的表面，也不要仅凭表面的现象突然着手学习。但是，只要时间和环境允许，你就要深入到事物的内部，尤其是那些与你从事的职业有关的事物。不要纵容自己单凭对事物的一瞥或者肤浅的看法就做出判断，因为这种行为将带来思想上的偏见和错误，使它走上错误的方向，形成坏的思维习惯；而且后面想要改变这种思维定式，将消耗一个人巨大的精力。

至于某些学科或者知识领域的某一方面，如果你的职业、精力、喜好以及能力都不允许你深入研究，那么你就应该满足于对它有一个大概和浅层次的认识，而不应该强求获得对它的有意义的见解。

我们应该每天一次，尤其是在学习的最初几年，要求自己阐述收获了哪些新思想、新主张、新理论，对明确的真理做了哪些进一步的证明，以及在某一方面的知识上取得了哪些进步。如果可能，让我们度过的每一天都有收获吧。如果我们坚持探索，必然能获得有用的知识。

在博学之人中流传着一个充满智慧的谚语："让你度过的每一天都能留下痕迹。"这句谚语来自一位著名画家的实践，它也是毕达哥拉斯学派一个神圣的准则。毕达哥拉斯学派的门徒要每晚在脑海里反思三次当天的行为和事务，检查自己做了什么，有什么疏漏之处。他们向学生们保证，这个方法能够使学生在追求美德与真理的道路上取得极大的进步。

在你自省三次之前，

不要陷入沉睡，

回忆一天所做的事情：

我学到了哪些知识，去了哪些地方？

我得到了哪些见闻？

还有什么比我现在了解的知识更值得学习的？

我做了哪些值得做的事情？

我做了哪些不应该做的事情？

我还有什么未尽的责任？

或者我又有了什么新的愚蠢行为？

这些自我反省是通向美德的必经之路，也是通往天堂的必经之路。在一个现代国度，我很高兴地看到年轻人热情地践行这位哲学家的教导。

时刻警惕教条主义

在有坚定如山、无可更改的基础，并得到明确无疑的证据之前，不要态度坚决地赞同任何主张，除非你对这个主张的各个方面都有所了解，已经从头到尾地研究过它，确保自己不会犯错。即使认为自己有充分把握，也不要太早或太频繁地以一种过于武断和积极的方式表达这种把握。要记住，在这种腐朽和软弱的状态下，人总是容易犯错。

教条主义有许多不足之处，比如：

它使人们停止对问题进一步地推理，阻止我们的头脑对知识更深入地探究。如果你已经坚决地认定自己的观点，或许你凭借的依据不值一提，也不够充分，但你仍坚定地放弃对立观点强有力的证据，并在确凿无疑的证据面前固执己见，那你已经陷入教条主义的泥淖。

鲍斯狄沃（Positivo）就是这样的人：从前经常宣称他确信笛卡尔的"以太漩涡说"，去年他阅读了一些数学、哲学方面的书籍，一种不可阻挡的力量使他得到了更深层次的理解。

然而已经信心满满地表明了之前的意见，现在他试图忽视某些真理，或者在这个问题上对自己曾经发表的言论闪烁其词，试图免于承认曾经的观点。他应该认识到有必要承认以前的愚蠢和错误，然而在这方面他不够谦虚。

教条主义会自然而然地滋长我们的傲慢，使人在谈话中呈现出一种过于傲慢和装腔作势的神气。奥登（Audens）是位有学问的人，也是很好的伙伴，然而那种绝对可靠的保证有时候让人不愿意靠近他。

教条主义容易让人对其他人吹毛求疵。在他眼中，自己的每个观点都无可辩驳，是应该不假思索就全盘接受的真理。如果周围有人不认可他的观点，就会让他怒火中烧。他开始嫌弃这些人，心里狠狠地丑化他们，认为他们的理解能力太低。富里奥就在这条荒谬的道路上越走越远，他用任性的固执和卑劣的假意指责那些拒绝他观点的人：他狂妄地对那些人说，他们是在抵抗真理，是在背着良心从事犯罪行为。

谨慎行事

虽然三思而后行能够避免你频繁地犯错，不过，你应该有承认错误、改正错误的谦逊和勇气。频繁变换观点是我们最初决定轻率的表现。然而，不应该因为虚荣心和骄傲就坚持错误的观点。

愚蠢之人固守昔日的错误，因为害怕被人指责反复无常，而我们应该有足够的胆识与能力去解决这种庸俗的难题，因为在我看来错误的推论还不如没有推论。在得到确凿的证据之前，不轻易赞同或反对是比较明智的行为。

但是，就像聪明人有时会做的那样，如果我们突然放弃抉择，或者发现自己的抉择是错误的，永远不应为此感到羞耻，同样也不应该害怕重新做出选择。所谓的成长，就是不断拓展认知的过程，没有发现之前的错误并改掉它，又何谈进步与成长呢！

　　一个人要想脱离低级的趣味，学会对人和事做出公正的判断，在处理事务时就必须注意头脑中的幻想和幽默可笑的举止。如果一个人从早期开始就不断地沉浸在幻想和低级笑话中，那么他在老年时期将不可避免地成为一个愚蠢的人。

　　低层次、惹人发笑的观点和举止同样应该引起足够的重视：它会让人过分在意微小的事情，并在这些事情上消耗太多精力，使人疲于应对却没有长进。这样的人每一天都被日常琐碎牵着鼻子走，判断与行为的依据很少由理性和事物的本质决定。

　　如果放任这种做法，就会在不知不觉中扭曲你的判断，把小事无限制地扩大，诱使你刻意强调它们。简而言之，这种惯性会让你很难对所发生的每一件事做出符合事实的判断，而在这条道路上每前进一步都会让你离真正的智慧更远。

坏习惯会损害理解力

　　对重要的事情要小心谨慎，对看似不那么重要的事情也要保持谨慎。不要像某些自认为幽默的人那样，不分场合和主题地肆意哗笑。这容易让人对他的观点产生偏见，也容易让人对他毫无敬畏之心。无论我们养成什么样的坏习惯，它都会在不知不觉中影响我们的理解能力，致使我们犯下许多错误。

爱开玩笑而毫无自制的人随时准备用玩笑来回应自己听到的一切。他以同样愉快的幽默感阅读书籍，并努力把自己的每一个想法、每一个句子都变得很好笑。即使是在有意严肃认真的时候，他也会做出许多笨拙、尴尬、不合常规的判断！他的肆无忌惮和幽默已经成了习惯，这会使他的理解能力可耻地走入歧途。你会看到他在追逐一根愉悦的飞羽，几乎每天都被一种"鬼火"（飘忽不定的磷火）拖入泥潭。

要始终保持善良、虔诚的精神状态，因为放纵负面的喜好会降低人的理解能力，扭曲人的判断。奸淫和美酒会消磨人的心智；耽于声色会破坏思维能力；沉醉于欲望和激情会削弱理性的力量。放纵使人的判断缺乏说服力，容易受到各种谎言的影响；放纵使人的灵魂奇怪地偏离原本的诚实和正直，而这种诚实和正直必定是用来追求真理的。只有德行出众的人才能以公正的方式获得智慧。

提防对自己理智的骄傲和知识力量的自负，不要忽视他人的帮助。不要自我满足，以为自己在知识上有很大的成就。那些全然相信自己理解能力的人，在现实中会因为妄自尊大得到教训。

总之，既要勤奋又要奉献，不必怀疑，这样你将得到令人喜悦的成功。

第 2 章　观察、阅读、听讲座、交谈以及研究

有五种明显的手段或方法可以帮助人们获取知识：观察、阅读、听讲座、交谈，以及沉思。最后一个非常特殊，人们称之为研究。

五种自我提升方法的一般性定义

观察就是我们对人类生活中所发生的事情的注意，无论它们是合乎情理，还是超出常人意料之外的；也无论它们是与他人相关，还是与我们自己相关的。

通过观察，我们甚至从幼年时期便开始获得各种各样的想法、建议、词汇和短语。通过观察，我们知道了火会燃烧，太阳会发光，马会吃草，橡子会长成橡树，人类会推理和交谈，我们的判断力不足，会犯许多错误，我们的身体会死亡并被埋入坟墓，人们会一代代地繁衍生息。所有这些，几乎不涉及我们的推理能力就能被我们直接看到、听到、感

觉到或感知到，抑或直接知道的事物，都可以被包含在观察的名义之下。

一旦这种观察直接关系到我们自身，人们便称之为体验。所以，人们会说我知道或经历过，我自己拥有思考、害怕、热爱等能力，我怀有欲望和激情，我身边发生过许多私密的事情，等等。

可以说，观察包括洛克（Locke）先生所说的所有知觉和反应。

我们通过各种试验方法探寻任何存在物的性质或属性时，或者我们运用一些有效力量，或确定一些缘由来观察它们会产生什么效果时，这种观察便会被称为实验。我把一颗子弹扔进水里，会发现它下沉了；我把同一颗子弹扔进水银里，会看到它浮在上面。但是如果我把这颗子弹打造成薄壁空心的形态，就像一个碟子，那么，它会浮在水面。我用一块燧石击打另一块燧石，会发现它们能生火。我把一粒种子扔在地里，它就会长成一株植物。

所有这些都属于获取知识的第一种方法——观察。

阅读是获取知识的手段与方法，凭借它，我们开始知道其他人创作或出版的作品。这些阅读和创作艺术具有无穷无尽的优势。因为通过它们，我们成为知识世界几乎所有国家在各个年代大部分人的情感、观察、推理和提升的参与者。

讲座是由主讲人传授某方面的知识或技巧，以提升听众知识水平的一种教学形式。这就是我们的学习方式，比如跟从教授学习哲学或者伦理学，或跟从教师学习数学，后者则通过演示和操作向我们展示各种各样的定理或问题。

交谈是我们获取知识的另一种方法。在交谈过程中，双方都能直接知道对方的观点和情绪。有时候交谈的获益者可能是其中一方，比如教授与学生之间的交谈，不过多数情况下交谈对双方都有益。在明确的交谈主题下，我们或许可以在较短的时间内知道该主题的诸多观点与发展脉络。

研究或沉思囊括了所有的思维活动，在这些活动中，我们可以使用之前的方法，帮助我们增长真正的知识和智慧。通过沉思，我们能确认某些发生的事情，包括我们自身的经历和对观察得来的事物的记忆。通过沉思，我们可以得出多种推论，并在头脑中建立知识的一般规则。通过沉思，我们可以比较自己从感官、内心活动中获得的各种想法，并从中组合自己的观点。通过沉思，我们加深对既有知识的记忆，对他人的言论或作品真伪及优缺点形成自己的判断。沉思或研究，能引出长串的争论，并寻找和发现那些曾经隐藏在黑暗中的深刻而难解的真理。

不证自明的是，没有交谈和阅读，以及我们能得到的其他指导，只依靠独自的沉思或埋头研究，加之大部分人力所能及的观察，不足以让我们获得更深、更广阔的知识，至少在我们这样一个快速发展的时代是不可能的。然而，这五种方法各有其独特的优点，它们互有助益，而它们各自具有的缺陷，也需要相互弥补。让我们看一下每种方法的一些独特优点吧。

学会观察

提高思维能力的方法之一是观察，其优点如下：

通过观察，我们的头脑才具有最初简单的思想和后来较为复杂的思想。这奠定了掌握所有知识的基础，并使我们能够运用其他方法提升认知能力。

如果我们没有通过对外在物体的感觉，通过我们自己的欲望和激情、快乐和痛苦的意识，以及通过我们自己精神的种种内在体验，获得各种各样合乎情理、启人理智的想法，任何人或者书籍都无法教会我们东西。观察必然会使我们对事物有最初的认识，因为观察的过程包括目的性和计划性。

我们从观察中获得的所有知识，无论是单一的想法还是复杂的观点，都是第一手的知识。所以我们看见的、知道的，都是真实的，或者说都是表现出来的。它们在我们头脑中留下的印象，是从原始事物中提取出来的，这使我们对事物有了更加清晰、更加有力的想法：这些思想更为生动，主题（至少在许多情况下）更为明显。

然而，我们从讲座、阅读和交谈中获得的知识，不过是他人思想的复制品，是一幅图画的临摹，它离原始事物更远了。

观察的另一个好处是，我们每时每刻都可以获得知识。因此，除了睡觉，我们存在的每一刻都可能向我们的知识宝库中增加一些储备，甚至梦境的回忆也会教我们一些真理，为更好地了解人性的长处和弱点奠定基础。

阅读的益处

下一个提高思维能力的方法是读书，它的优点如下：

通过阅读，我们能够广泛地了解生活在最遥远的国度和最古老的年代中生者和死者的事迹、行为、思想，就如同他们生活在我们自己的时代和国家一样容易。通过读书，我们可能会从人类的各个方面学到东西。

通过观察，我们从自己身上学习一切，以及那些只能从我们自己的直接认知中得来的知识；通过交谈，我们只能得到极少数人的帮助，即那些生活在我们附近的人和与我们生活在同一时期的人，也就是我们的邻居和同时代的人；但是，如果我们仅仅局限于自己的单独推理，而没有足够的阅读，知识就会变得狭隘与贫瘠。因为在这种情况下，我们所有的进步只能来自内在的能力和沉思。

通过阅读，我们不仅能够学习不同国家和不同年龄人们的行为和观点，而且能够吸收最出众、最有智慧、最优秀的一些人的知识，无论他们存在于何时何地。尽管很多书的作者是软弱和浅薄的人，但是，大部分在世界上获得极高声誉的书籍，都是各个时代、各个国家的伟人或智者的作品。

我们能获得的交谈和当面指导仅仅限于邻里或熟人之间，有时这样狭窄的范围内无法培养出任何智慧或知识出众的人，除非我们的指导者刚好是这样智慧和才能出众的人。至于我们的研究和沉思，即便达到了一定的水准，并且通过它们有了进一步的知识提升，仍然远比我们从阅读中获得的优势更为有限。

我们阅读优秀的作品时，能够学习具有智慧和学识的人最美好、最完整、最精确的观点。因为他们曾经努力研究，潜心写作他们的成熟想法以及长期研究的结果与经验。然而，通过交谈和讲座，我们只能获得导师或朋友当时的想法，但是这些想法（尽管它们可能绝妙且有用），起初也许只是灵光一现，或是一些较为杂乱的线索，还远远没有达到成熟的程度。

读书的另一个好处是我们可以随时复习所读的东西；我们可以一遍又一遍地阅读同一本书，一直研究它。在我们空闲的时候，总可以拿本书在手里。

但我们通过交谈和讲座获得的知识，在交谈和讲座结束后，或者最快到当天结束的时候就会消失，除非我们有过目不忘的记忆力，或者能够放下手头的工作记下我们在交谈中产生的精彩思想或主意。出于同样的原因，由于没能停下手头的工作进行记录，许多学者已经遗忘了数次有益的思考，曾经的灵感与想法已经石沉大海，再也想不起来了。

听讲座的好处

通过公开或半公开讲座进行的口头指导，有如下优点：

一位明智、博学且称职的教师的生动演讲比独自静坐的阅读更能使人充满活力、身心愉悦。有些老师掌握了声调的规律，通过良好的发音，以及礼貌而循循善诱的方式，能够吸引听众的注意力，使听众集中精神，向听众传达、暗示有关事物的概念。因此，相较于阅读，这种方式会更加生动、更加具有启发性。

导师或指导者在对其他人进行解释时，可以准确地指出难点与争议点，并一一展开论述。他可以告诉你哪些段落最重要，哪些不那么重要。他可以教导听众，在一个特定的主题中，哪些作者的作品，或一个作者的哪些作品最值得阅读，从而降低学习者为此付出的试错成本，为他们节省大量时间，还免除许多痛苦。他可以通过一个纲要向你展示前人的学说，而这份纲要可能需要花费很多精力，熟读这个领域的经典作品才能做到。他可以在新的学说或思想公开之前就告知你，也会告知你他自己的观察、想法和实验，这些内容可能从来没有公开过，也许永远不会向外界公开，但或许对你非常有价值、非常有帮助。

一个现场教学的老师在教授我们自然哲学或进行大部分数学教学时，可以向我们传达观念，而这些观念可以改善我们的思维。他能在我们眼前做实验。他能以明智的方法描述图形和图表，指出直线和角，并以一种更容易理解的方式进行演示，即便我们眼前的书本里可能有相同的图表，但是这些事情仅仅通过阅读是不能很好地完成的。因此，在进行研究时，一位老师是最必要的帮助。

还可以补充一点，即使讨论的是道德、逻辑或修辞等不会直接引起我们注意的主题，导师也可以通过一些我们熟悉的例子或简单的对比来解释他的想法，而这些例子很少能在书籍中找到。

如果导师在讲座中提出任何难题，或者以一种看似晦涩难懂的方式表达自己的观点，导致你没有明确或完全地理解他的想法，你就应该找机会，至少在讲座结束时，或者在其他适当的时机，询问他应该如何理解，或如何解释、解决这样的难题。如果允许在演讲过程中，或者在演讲结束时，就听者遇到的任何疑问或困难与导师进行自由的交谈，这就是一个进行对话或交谈非常好的机会。

交谈也能提升思维能力

交谈是提升思维能力的有效方法，它具有以下优点：

当我们与一位学识渊博的朋友亲切交谈时，他会亲自帮助我们把交谈中看似晦涩难懂的每一个字、每一种情感都解释清楚，并告诉我们他完整的意思，这样，我们就不至于误解他的意思。然而，由于作者不在身边，我们无法当面向他询问书本上真正晦涩的东西，所以它们可能会一直晦涩下去，没有补救的办法。

在交谈中如果误解了朋友的意思，我们很快就会被纠正过来，但是在阅读中我们常常会犯同样的错误，却无法得到及时的纠正。因此，从古至今即使是关于赫赫有名的作家、思想家，也会存在各种争论。而在同一领域内的其他作品，我们需要沉心静气地研究很长时间，才能厘清一些误会。

当我们和朋友谈论时，可能会对他的观点提出疑问和反对意见，这些问题会立即得到回答。我们头脑中浮现的难题可以通过朋友一句启发性的话语来解决，然而在阅读时，如果出现了困难或问题，而此后的章节作者恰恰没有提到，这时我们必须接受没有现成答案或解决方案的情况。

我们头脑中对任何话题或演讲产生的疑问，在交谈中都可以很容易地提出和解决；同样，在阅读与研究中遇到的难题，也可以通过当面请教得到解答。如果我们沿着一个错误的思维轨迹运行，可能会在一个棘手的问题上独自苦思几个月也找不到一个解决方案。如果我们依据的是错误的线索，并因此付出巨大的努力，那这种努力不仅无用，还可能会因为在一开始没有被纠正而陷入漫长、复杂的错误之中。

但是，如果在阅读时记下这一难题，当我们见到一位学识渊博的朋友时，就可以向他请教这个问题，然后在片刻之后我们便能得到解脱，因为困难已经不在了。他也许会从别的视角来看待这个问题，并把它摆在我们面前，且强有力地说服了我们。

交谈把藏在灵魂深处和密室里的东西带到了阳光下面，它通过偶然的暗示和事件，使人们想起一些有用的旧观念；它呈现和展示了隐藏的知识宝藏，而阅读、观察和研究曾经为思维提供过这些宝藏。通过相互交谈，灵魂被唤醒，并被引导去打开它的知识储备，使它知道如何使知识对人类最有用。一个博览群书而不与人交谈的人，就像一个只为自己而活的守财奴。

在自由友好的交谈中，思维会更加活跃，我们的精神会以一种超凡的活力探索和追求未知的真理。自由讨论时，常常会出现这样的情况：新的观点被出人意料地击碎，真理的种子在人群中闪闪发光。而在平静无声的阅读中，这种激动人心的事永远不会发生。

通过交谈，双方都将同时给予和接受这种好处。就像燧石一样，当燧石移动并互相撞击时，双方都会产生火花，而两块同样坚硬的燧石在静止状态下是不会产生火花的。

在与智慧和学识渊博的人的交谈中，我们可以提出个人见解，将自己的想法置于评判之中，并以更简洁和安全的方式了解世界将如何评论它们，人们将如何接受它们，我们会收到什么反对意见，它们存在哪些缺陷，以及如何纠正自己的错误。

通过个人思考，这些优势并不容易获得：因为我们从自己的观念和自恋的激情中获得的乐趣，以及我们狭隘的观点，诱使我们给予自己的计划过于有利的评价。然而，通过不同交谈者思想的碰撞，我们会认识到自己的观点在当前的普遍认知中处于什么位置。

交谈另一个较大的好处是它能提供一定程度的知识，正如读书使我们获得书本上的知识一样。一个整天埋头读书的人可能已经积累了许多想法，但他可能只是一个学者、一个遁世者。因为封闭在大学的教室里，他的灵魂染上了霉菌和锈迹，一切举止都带着笨拙的感觉。

但在与人交谈的过程中，这些笨拙的感觉会逐渐被打磨掉，锈迹和霉菌在同他人礼貌的交谈中也会被拂去。现在，这位学者成为一位公民、一位绅士，成为我们的邻居和朋友。他学会了如何用最美丽的色彩装饰自己的观点，也学会了如何将这些观点置于最强烈的光照之下。他以这种方式自豪地提出自己的见解，合理地运用自己的观点，并在实践中不断完善它们。

但是，在明确交谈的其他好处之外，我们应该清楚，在追逐智慧的道路上，还有其他重要的方法。因此，下面这一点就是我要补充的。

研究或沉思有助于吸收和实践

仅仅靠观察、听讲座、阅读和交谈，如果没有深入思考的话，不足以使一个人变得知识渊博且富有智慧。我们必须对从观察或阅读中得来的东西，进行思考加工，并在这个过程中不断提升观察或阅读的质量。由此可见，它们之间能够互相促进。沉思或研究具有以下优点：

　　虽然观察、听讲座、阅读和交谈可以给我们提供许多事实和概念，但是我们只有通过思考才能对它们形成判断。经过细致的思考，我们决定是认同还是远离某一个命题：在我们已经掌握的知识中，这一命题得到多大程度的支持或反对，存在哪些不足。我们在思考中慢慢形成自己的观点，并不断优化思考路径。

　　必须承认的是，受时间、空间等因素的限制，世界上仍然存在许多我们未能了解和知道的事物，我们直接或间接的观察与认知范围永远无法完全覆盖这些东西。

　　要学习知识，我们必须求助于其他人，我们可以从他们的作品或讲座中学习。但无论如何，有一件事情是我们可以确定的，即我们必须反思和判断，以决定应该在多大程度上接受书籍或他人教给我们的知识，以及这些知识在多大程度上值得我们认同和赞扬。

　　正是沉思和研究，将他人的观点和概念传达给我们，使之成为我们自己的。而我们对它们的判断和记忆，使之成为我们自己的财产。

　　它就像是制作精神食粮的原料，我们将其变成自己的一部分：正如一个人可以将四肢和肉体视作自己的一样，无论他是从牛、羊，还是从云雀和龙虾那里获取食物；也无论他以玉米或牛奶，还是树上的果实、地上的植物和根茎为食；这一切现在都变成了他自身的一部分，他为了自己的正当目的而支配和管理自己的肌肉和四肢，而它们曾经是其他动物或蔬菜，上周还在田野里吃草，在海里游泳，在牛奶桶里摇晃，或在花园里生长，现在都变成了人体的一部分。

通过研究和沉思，我们能改善通过观察、交谈和阅读得到的知识：我们花费更多时间思考，通过思维活动能更深入地探索知识的主题，在很多问题上能把得到的想法推到更深入、细致的程度。凭借推理，我们能从一个真理中推导出另一个真理，也使得我们从别处借鉴来的线索形成一个较为完整的体系。

通过调查这些东西，我们可以公正地做出结论，如果一个人将所有的时间花在听讲座或阅读书籍上，没有观察、沉思或者交谈，那么他学到的就只有历史知识，并且只能够断定别人在这个问题上的知识或看法。

如果一个人在交谈中花费了所有的时间，而没有进行适当的观察、阅读或研究，那么他所获得的知识将是浅薄的，有可能随着当初交谈的画面日益模糊而全部消失。

如果一个人将自己限制在自己的想法和对事物狭隘的观察中，教导他的只有孤独的思想；没有讲座、阅读或交谈的指导，那么他将会陷入一种精神狭隘、虚荣自负，以及对其他人不合理的蔑视的危险之中；毕竟，他只是获得了一点有限且有缺陷的看法和知识，他也很少学习如何利用它。

如果我们的处境非常有利，能有机会学习和利用这五种方法，那么应该同时采用它们。虽然我必须指出，其中两个——阅读和沉思，应该比交谈和听讲座花费更多时间。至于观察，我们可能总是通过它而获得知识，不管我们是独处还是有人陪伴。

但是，如果我们把这五种获得知识的方法掌握得更加清楚、全面，就有机会用这些方法改善个人的认知，并进一步提升自己的能力水平。

第3章 观察的一般规则

严格意义上的观察,是改善个人认知的第一种方法,它区别于沉思或研究,不包括思维对我们所观察到的事物做出的任何推理或从中得出的推论。

然而思维的过程非常迅速,一个人如果不做隐秘且简短的反思,几乎不可能获得什么经验。因此针对观察给出一些提升的方法,是非常有益且必要的。

随时随地观察

让增长知识成为我们生活中恒久的追求,因为没有任何东西可以阻止我们用观察来改善自己的思维。当我们独处时,即使在黑暗和沉默中,也可以同自己的内心交谈,观察自己灵魂的活动,并在生活的一些最新事件中反思我们充满激情的活动;我们熟悉自己身体和心灵的功能与特性、偏好与倾向,并对自己有着更深入的了解。当我们与其他人交谈并观察他们的行为,可以发现更多人类的本性,包括人类的激情和愚蠢、偏见和浅薄、美德和恶习。我们对自己的认识和对人类的认识是很重要的知识。

当我们身处房内或城内,无论将目光投向何处,都会看到人类的作品;而身处房外或城外的时候,我们看到更多大自然的作品,它们包括我们头上的天空、脚下的土地,以及周围的动物和植物世界,我们可能会观察到成千上万种大自然的杰作。

因此,努力从你看到或听到的每一种事物,从你生活中发生的每一件事中获得灵感,不断提升观察技能。

保持好奇

应该允许和满足年轻人值得称赞的好奇心。如果看到年轻人在观察事物时充满好奇,渴望探索事物更深层次的部分,这是一个充满希望的迹象;不应该把这种好奇拘束起来,使之归于沉寂,也不应该严加约束,而应该努力就他们提出的问题给予恰当的回答。

也是由于这个原因,在时间和财力允许的情况下,年轻人应该在适当的时机走入人群,应该到远离他们自己居所的地方去看看田野、森林、河流、建筑物、乡镇和城市;他们应该看看奇鸟异兽、游鱼昆虫和植物，以及其他各种自然和艺术的产物，无论它们是自己国家还是外国的物品。如果有机会，他们可以在一个博学导师的带领下，为同样的目的在世界各地旅行，借此增长见识并收获有用的知识。

勤于记录

记下所有由观察得来让人印象深刻的事物或事件，并在适当的时机回顾它们。这样的练习会使你养成有益的思维习惯，将确保你不会浪费自己的时间、精力。通过记录，即便在你放松的时刻也会因为这些有趣和有意义的记录而变得有滋有味。

这些有益的观察，还会成为你下次与朋友会面时谈话主题的一部分。

不管生活的环境或情况如何，一个人永远不应忽视观察可能带来的提升。让他以一个旅行者的身份，顺着自己的心情去旅行，或者作为一个绅士到喜欢的地方去消遣；让繁荣或厄运将他带到世界上最遥远的地方，也让他通过明智的观察增长知识和改善心灵。在适当的时候，通过这种方式，他可以使自己对人类社会有所帮助。

避免主观

让我们尽可能保持自己的思想免于激情和偏见的干扰，因为它们会将我们的观察带到错误的方向。被激情或偏见沾染的灵魂，很容易被包裹在事物外表的虚假色彩所迷惑，对生活中司空见惯的事情视而不见：它从来不以真实的眼光看待事物，也不允许事物以本来的面目出现。因此，你要做出适当的观察，让"自我"及其所有的影响尽可能地靠边站；将自己的兴趣和关注点集中于真实，对人和事进行观察时，不要带着善意或恶意的影响。

如果能很好地践行这条规则，我们就能更好地防范人类观察中一些不当的情绪，如傲慢和嫉妒，免于干扰自己的判断。嫉妒几乎是人类一种与生俱来的不良情绪，人类非常容易对邻居的行为产生厌恶感，并以一种不愉快的目光审视他们。通过这种方式，我们会对邻居形成比较失实且恶劣的评价；与此同时，骄傲和自我奉承使我们惯于按照自己的喜好对自己做出不公正的评价。在我们对自己做出的所有有利论断中，都应该允许有一点缓和的余地。

明确观察目的

在对人进行观察时,要注意不要过于关注个人和家庭事务,也不要探究家庭的秘史。这样庸俗的好奇心很少能获得任何有价值的东西。它经常在邻里之间引起猜疑、嫉妒和骚扰,并经常使人诋毁自己的邻居:有些人忍不住告诉他人自己知道的事情,爱管闲事的人最容易搬弄是非。

你的观察,应该是为了引导自己更好地了解事物,尤其是人的本性,以及从观察中明了自己应该模仿什么,避免什么,而不是为了发泄心中的恶念或话语中的不礼貌及口头上的责备。

虽然有时候可以通过学习或有益的交谈来表达自己对人和事物观察的体会,但你对其他人所做的评价,尤其是不利的评价,应该在最大程度上隐藏在内心里,直到一些公正和明显的时机,引导你将它们表达出来。

如果你观察的人性格不够健全,就应该尽量少地公开它。你可以谨记邻居的愚蠢、猥琐或恶行,在不损害他们声誉的前提下,这可以防止你犯同样的错误。

我们的谈话应该对事不对人,这是一条很好的古老规则,应该为大家遵守。

下结论时应谨慎

不要急于从一些特定的观察、表现或实验中总结一般规则。这就是逻辑学家所谓的错误归纳。从众多的细节中得出一般性结论，使这个结论变得确定且不容置疑，这些都是知识的珍宝。但是，如果我们在一般概念上犯了错误，就应该更加小心和谨慎，以免错误变大、扩散。

匆忙地确定一些普遍规则，没有对可能包含在其中的所有特定元素进行适当的调查与研究，是我们在为自己的思维设置陷阱，并为此犯错或上当受骗。

青年时期的尼维奥（Niveo）观察到，接连三次圣诞节都下了大雪，于是他把这种情形写进了日记里，并以此断言，每年圣诞时都会下雪。尤伦（Euron）是个年轻的小伙子，曾经十次注意到刮东北风时，会产生严重的霜冻。因此，在去年七月中旬，他预料到应该出现霜冻，因为风标显示有东北风。当发现这是一个非常闷热的季节时，他对自己的判断大失所望。

第4章 书籍和阅读

在这个世界上，获取书籍再容易不过了，不过有些书根本不值得读，还有些随着时间流逝而阅读价值大打折扣。有的书籍专业性很强，除了相关领域内的研究人员和从业者，并不适合其他人去阅读、学习。让律师学习希伯来语又有什么用呢？对于一个年轻人来说，有睿智的朋友或老师向他推荐最应该阅读的书籍，将会是节约时间、提升知识水平的绝佳方式。

阅读一本书的大致顺序

任何领域的重要书籍，特别是某个主题的完整论文集，阅读第一遍时，为了学习其中的内容，从作者写作的方式和技巧中获益，应该采用浏览和综合的方式。为此，我总是建议他人在阅读一本书之前，先阅读书籍的前言和目录（如果有的话）。通过这种方式，在第一次阅读时会感觉到更容易，在随后投入更多时间和注意力的精读中，会对书中的内容有所准备，接受起来更迅速。

在阅读过程中，应该记录新的内容或从未接触过的内容，并不时回顾其中的章节、段落。我可以冒昧断言，除非有极强的记忆力，否则那些值得阅读第一遍的书或章节，必定值得阅读第二遍。至少要仔细检查你做标记的所有句子或段落，并回忆那些你认为真正有价值的部分。

在阅读一本书之前，我会选择先对它做一个浅层次的浏览，然后潜心钻研。这样做还有另一个原因——由于缺乏对作者整体构思的全面理解，我们在第一次阅读时会遇到几个不容易理解的难点。因此，我们在阅读第一遍时不应该试图掌握所有的难点。因为其中许多问题，也许会在我们深入探讨那本书时，能自行得到解决。

如果有三四个人约定阅读同一本书，每个人都有自己的看法，可以约定某个时间共同交流，共同讨论，这种阅读方法可以使每个阅读该书的人都能大获裨益。

如果有几个人从事同一项研究，就同一个主题阅读不同的书籍或论文，可以每周指定一个时间开展读书会，会上可以用一种简短的方式，比如向同伴推荐并阅读同一本书，或者回答阅读那本书的相关问题，来分享作者的研究意义、主要观点，也能很好地实现共同的提升。

保持批判的眼光

请记住，在阅读或谈话中，尤其是以自然、道德为主题的阅读或谈话，不仅要了解作者或演讲者的观点，还要考虑他们的意见是否有充足的证据支持，并通过思考他们的作品或演讲主题，来提高你对这个主题的认知。自如地对待你拜读过的每一位作者，只对有关这个主题的证据和合理推断表示赞同。

<u>在读书的时候，应随时保持怀疑的态度，主动地发现问题</u>，增强自己与作者进行双向沟通的能力，这样不仅能更好地理解主题，还能提升阅读的效果。

在平时的学习中，尤其是在你的学术研究中，将这件事情作为必要的练习：学过任何一门学科课程后，如果关于一个主题的某个作家与你持有相同的观点，但他没有解释他的想法或证明他的立场，那么请把这个缺失或遗憾标记出来，并利用任何能找到的资料，把这个问题和想法解释清楚。比如在书的边缘做标记，或者在你的论文中更确切地说明。

如那些令人费解的章节，要设法查证，使之清晰；在不完美的地方，要弥补不足之处；如果表达过于简洁，要适当丰富一些，并将观念置于更加清晰的框架之中；如果语言冗余，标记那些应该裁减的段落；如果作者态度傲慢且无礼，便可以放弃那些篇章；当作者进行辩解时，要检查他的论据是否令人信服；如果结论真实、可靠，但论证薄弱，应努力通过强而有力的论据予以证实；当他隐晦或不确定地推断命题时，如果你有了想法，就进行合理的推断，并做出进一步的推论或判断；如果你认为他在哪里犯了错误，提出你的反对意见并纠正他的观点；如果他写得很好，且与你自己的判断相吻合，既公正又有用，请将它珍藏在记忆中，并将其视为你智力收益的一部分。

注意，我现在给出的这些建议可以在谈话和阅读时实践，使其以最广泛和持久的方式于你有益。

对所阅读的书籍，也有其他与此类似的事情值得我们实践，比如：如果一本书的写作手法不合乎规范，可以通过你的分析，或通过书页边缘的提示，将其规范化；如果应该展现的内容堆积、混乱，你可以明智地对其加以辨别和区分；如果论文中有关同一主题的几个方面上下分散，你可以查阅参考文献将它们重新组织；或者如果一本书的内容非常有价值，那么你可以尝试使用更简洁易懂的方式，把它简化为一种更加合乎逻辑的方案，或者把它简化为一种更方便记忆的形式。

所有这些实践都会提升你的逻辑思维能力及阅读水平，从总体上提高你的判断力，特别是能让你对那个主题有更加全面的理解。当你完成对论文的所有研究后，请回忆并讲述你通过阅读哪位作者的作品得到了哪些方面的提升。

如果一本书没有索引，或者没有好的目录，那么在阅读这本书时制作一个索引或目录将会带来非常大的好处。制作的索引或目录不需要准确到能包括每一页或每个段落，除非你想把它印刷出来。制作的索引只需要关注书中那些你不熟悉的部分，或者写得很好、值得记忆的部分就足够了。

我可以很有把握地说，根据我自己的经验，这些阅读方法虽然会使你第一年的学习比较辛苦，但得到的回报将极大地弥补这些辛苦。在接下来的几年里，在你以这种方式阅读了那些有价值的书籍后，再去读其他书籍就会变得轻而易举。

如果一位作家因写作方式上的显著特点或明显不足而备受关注，那么你应该对此特别留意，对其中的优点或瑕疵，你只需对它们发表公正、客观的评论。请记住，以这种方式阅读一本书，将比浏览20位作家的作品更加有助于提升你的理解力。

最大限度地通过阅读提升能力

通过我所描述的方式阅读书籍，能够使你所有的阅读为你所用，不仅能够不断地扩充你的知识面，还能提高你的推理能力。

许多人很勤奋地读书，却没有在知识与能力方面取得真正的进步。他们对自己阅读或听到的观点感到高兴，就像听故事一样，并不将故事放在心上，不去就事物的真假、价值做出公正的判断。他们没有做更深入的思考与推论。也许他们的目光滑过书页，声音飘过他们的耳边，然后这些就像睡前故事的狂想曲，或者夏天里掠过绿色田野的云的影子，消失得不见踪迹。

如果他们充分地回顾这些故事，把它们牢记于心，那也不过是把故事再讲一遍，表明自己是有学问的人罢了。因此，他们没有获得真正的优势，只是梦想着自己能有出头之日，成为领导者和开拓者。就像一个人整天吃东西，却永远得不到营养。因此，许多读者徒劳地用精神食粮填满自己的头脑，却因为没有消化、吸收它们，而让自己的认知能力和思维水平得不到真正的提高。

为了更好地实践这些建议，在阅读时应该特别用心。深入作者的思路和论点之中，检查他们的论据，判断他们观点的真伪。在模仿优秀作家的作品时，如果看到它们有足够的论据支持，并能通过它们获得真理，不仅能极大地提升自己的理解能力，还能在一定程度上养成公正判断和严密推理的习惯。

这确实费力，但只有在权衡每一个论点和追踪每件事物的详情之后，思想才会提升。把所有观点建立在信任之上则要省时省力很多：信任远比争论容易。

但是，当斯图登世奥（Studentio）说服自己遵从我所提议的这种方法时，他明显地获得了极佳的阅读能力，并能通过日常的实践来评判他所阅读的内容，这个人在追求真理的道路上已经取得了极大的进步。

与之相比，普卢比努斯（Plumbinus）和普卢梅奥（Plumeo）的进步则不大，尽管他们阅读了更多的作品。普卢梅奥读书时，就像五月的燕子掠过鲜花盛开的草地一样快。普卢比努斯则阅读书上的每一行和每一个字，但没有对其进行思考和判断，因为他们比斯图登世奥了解更多的标题和篇章，便因此而夸耀自己，但对真正的知识了解甚少。

我承认，有些人阅读只是为了获得谈资，他们可能会阅读图书馆里所有的书籍，但最终还是不善于思考，也没有实在的智慧和真正的学问。

如果一个旅行者在一条指向无误的道路上款款前行，并且在冒险尝试前仔细察看每一个转弯，那么，他会比整天全速前进，却走遍每一条小巷的人更早、更安全地到达终点。如果一个人大量阅读且记忆能力很强，但是没有思考，那么在世俗意义上，他可能是一个有知识的人，如果他多阅读古代的经典之作，也可以获得学识渊博的名声；但他实际上与智慧和正见相距甚远，而获得的精神财富也少之又少。

避免偏见与片面

在阅读一本书之前，先不要对作者持有一种明显的赞成或反对的态度。阅读的时候，让你的心对真理敞开大门，在找到真理的时候接受它，并拒绝一切谎言，无论谎言表面有什么样的伪装。那些很少看书，但在阅读之前就已经确定他们是否喜欢作者的人是多么的不幸啊！

他们通过一般的谈话，或者可能通过浏览某些篇章，已经有了关于作者的名字、性格、政党或他所坚持的原则的看法，然后再带着支持或反对的偏见去阅读作者写下的一切。那些为寻求同类观点而读书，从每一位作家身上拼凑东西的人，以及那些只支持他们自己的信条而轻视和忽视所有其他东西的人，其所作所为是多么的不恰当啊！

但是，想做到不先入为主，首先要谨慎。在这里，人们可能不理解我，仿佛我在说服一个人使他生活在没有任何既定原则的境况中，而这些既定原则是用来评判人和事物的；或者我将使一个人始终抱着怀疑的态度。其实这个建议主要包含以下三点内容：

1. 我们应该以公正的思想自由阅读那些可能被怀疑和有合理争议的书。我们的任何观点，尤其是年轻时候的，我们都不应听不得或不容忍针对它们的反对之声。

2. 我们读到那些与自己观点相同的作者的作品时，出于公正和可靠，不应全盘接受他们的观点，我们应该审慎地加以分辨，区分可靠的推理和肤浅的渲染；我们也不应该仅仅因为同意他们大部分的观点，就轻易接受他们所有的不那么重要的观点。

3. 当阅读到的作品其观点与我们最为确定的原则相左时，我们应准备好接收来自其他角度的信息。

抓住发现的真相，
在你的朋友中，你的敌人中，
……
请忽略刺，接受玫瑰。

有些书我们会花时间去阅读和学习，从而以其自然的、科学的知识来提升我们的心智，这里我所说的阅读，主要指去读这样的书。

不同类型的书，阅读方法不同

还有一种类型的书籍，如小说、历史、诗歌和娱乐性杂志，甚至包括一些小册子，泛泛而读即可，并不需要执着于其中的看法和描述。

当几个人在一起，其中一人为大家读这类作品时，听一遍就够了。那些新颖又不同寻常、内容卓越又优秀、论据既强烈又有说服力、语言既漂亮又优美的段落，只要有人愿意听，就可以反复读。

如果某些部分可能是非常愚蠢、错误、虚假的，应该让人们意识到这些问题。为了获得认同，或者展示自己的幽默，这些指责与批评可能会被不厌其烦地重复。

还要记住，历史叙述中某些有重要意义的地方，诗歌、演讲中的精彩和完美的地方，可以反复阅读。当然，还需要适当的评判，否则我们便不能对它们做出最充分和最优秀的改进。

对优秀作品有品位的人，一旦听到斯蒂尔（Steele）或艾迪生（Addison）的美丽篇章，维吉尔（Virgil）或弥尔顿（Milton）的绝妙描写，或者蒲柏（Pope）、杨（Young）、德莱顿（Dryden）的优秀诗篇，怎么能满足于阅读一遍，然后将其束之高阁呢？

其他合适和必要的书籍中，像用于解释常用词、习语和短语的词典，用于解释技术词汇或艺术术语的词典，包含人名、国家、城镇、河流等名称的词典如历史和地理词典等，在任何场合都可以查询和使用。我们自己在阅读书籍的过程中，永远不要跳过任何未知的词语。

如果你现在没有这样的词典，随后便需要去买回来，通过查询词典可以告诉自己：在阅读时记下疑点和问题，并且在第一时间解决它们，无论是通过人或书，都是有用的。

不要仅仅了解关于某个主题最优秀的书籍，而是要完全了解这个主题本身。有许多年轻的学生喜欢扩充他们对书籍的了解，并且仅仅满足于对标题的关注。这是书商而不是学者的成就。

这些人非常容易产生两种愚蠢行为：第一，以比他们大多数人所能承受的更大的消费来积累大量书籍，从而更好地装饰了他们的书架而非自己的理解能力；第二，当他们书架上有如此丰富的知识宝藏时，他们会认可自己是博学之人的假象，并因谈论著名作家的名字及其研究主题而骄傲，而他们自身在真正的知识或智慧方面并没有任何提升。他们的学习最多止于索引和书籍目录，但他们不知道如何判定作者所研究的主要内容。

事实上，无论一个人拥有多少书，他的理解力可能依然贫乏得令人惋惜。只有他通过阅读和理解，通过自己的判断并实践所阅读的内容，才能使这些成为自己的财产。

第 5 章　如何评判一本书

怎样对一本自己从未见过的书做出评判？我们首先看到的是书名，有时会借此对书的意义和设计有所猜测；虽然我们必须承认书名往往具有欺骗性，而且带给人们的希望比书中展现的更多。如果作者的名字为世人所知，也许能够帮助我们对书的内容做更多的猜测，并能引导我们猜测此书的大致结构。仔细阅读前言或引言可以进一步帮助我们做出判断。

可以从阅读章节标题开始

如果没有空闲时间或者不经常阅读某本书，那么章节标题可以指导我们仔细阅读几个特定的章节或部分，并观察其中是否包含有价值的或重要的内容。我们将在其中看到作者是否清楚地解释了他的观点，论证是否有力，条理是否清晰，思想和意义是否强而有力，态度是否礼貌；或者，在另一方面，他是否默默无闻、软弱、无足轻重、糊涂；最后，还要留意他的写作风格和表达方式。

阅读完标题后，再通读部分章节，往往就可以判断该书是否有全部阅读的价值。如果发现对某些章节的阅读完全达不到期望值，我们可能会把这本书放在一边。因为在所谈及的主题上，作者可能只是一位平庸的作家，倘若他所提供的只是些没用的东西，那这本书不读也罢。如果阅读的七八个章节中，只包含极少的真理、证据、推理、美感和独创性的思想等，而且还混杂着许多错误、无知、无礼、愚钝、平庸、普通的思想、诡辩、侮辱性的语言等，那么这本书已不可能有什么阅读的价值了。人生短暂，时间太宝贵，不能在通读一本新书后才发现它不值得阅读。

评判一本书时常出现的错误

人们评判他们阅读的书时，经常会犯一些错误。

其中一种错误是这样的：如果一本书写得还算不错，符合我的原则，并且支持我的意见，我便会迅速给出积极的评价，有时甚至会给出超过它本身价值大得多的评价。如果作者持有不同的观点并拥护与我相反的原则，我便很难在其作品中发现智慧、理性和过人的见识。

在这个世界上，真理并不总是能以最明智和最安全的方法获得支持；而谬误，虽然它永远不能通过推理来维持，却可能得到巧妙的掩盖和辩护。一位聪明的作家可能会巧妙地掩饰自己的错误。不要仅仅通过主题或呈现的观点来评判书籍，而要通过其中观点的公正性、表达的力度、推理的强度以及公正的推论和其中可信的论据来加以判断。

还有一种错误是：当我阅读那些探讨某个自己不太了解主题的作品时，会认为书中几乎所有的内容都是新奇的。这些我接触甚少的知识的出现，使我的求知能力得到极大的满足和提高。我会立刻钦佩这本书，称赞作者。然而，如果对那门学科有了更深入的理解，也许我会发现作者写得非常糟糕，除了关于该主题一些常见的或微不足道的论述，并没有多少值得称道的观点。

开罗（Cario）和法伯（Faber）都辛勤工作，却不太熟悉科学，他们读了不少周报，或者是关于某些批评性或学术性课题的小册子。因为这些关于科学主题的作品于他们而言是全然新奇的，他们便合力将这位作家夸上了天。与此同时，那些精通这些学科的人会以一种合理的轻视来听取他们不切题的闲聊，因为这些人知道那些文章的论述是多么薄弱而尴尬。那些被无知者钦佩的科学、政治或贸易方面的文章也许是非常拙劣的作品，尽管必须承认，这些读物中确实有些值得钦佩的文章。

另外一种错误是：如果我掌握了某个特定主题的知识，并对它进行了各方面的长期研究，也许关于这个主题没有什么能让我感到惊喜的作家，因为他们并没有多少独到的见解。然而，以公正的观点判断的话，也许某个作家的观点最为公正恰当，而且解释清晰、推理强大，整本书的各个部分都以令人愉悦的方式组合在一起。但因为我们对这个领域非常熟悉，研究得也非常透彻，所以它不会打动我们，而且我们有可能对它感到失望。

所以，学识渊博的人和尚未学习的人在对他人的作品进行评判时有几种不同的危险和偏见。我提到的这些例子中对书的评判行为确实是错误的，但也仅仅只是例子而已。而能够扭曲我们的判断力，使之偏离真理的错误一直是无穷无尽的。

然而，我必须再指出两三个此类愚蠢行为，以尝试修正它们或者至少给其他人一个提醒。

有一些人的性格前卫、活泼，喜欢涉猎一切表面的知识，只要一提到书名，他们就会立刻做出判断，因为他们不愿意显得对别人知道的事情一无所知。特别是如果他们碰巧拥有这个世界上一些优越的特征或禀赋，他们就会幻想自己有权利自由谈论每一个出现的事物，尽管他们没有其他方式来炫耀这种自由。

迪维托（Divito）身价不菲。波利图卢斯（Politulus）是一位年轻的绅士，经常穿着各种闪亮的衣服，佩戴着闪闪发光的配饰。奥利努斯（Aulinus）是国务大臣的侍从，几乎每天都在宫廷里。

这三个人碰巧在一次访问中相遇，窗台上放着一本精致的祈祷书。"这本书多么沉闷无趣啊！"迪维托说，"我这辈子从来没有在一页纸上读过这么多废话，也不会为一千篇这样的文章支付一先令。"

奥利努斯虽然是一个朝臣，却从来不会粗声粗气地说话，然而他认为这本书中没有一句好话，并称写这本书的人是疯子，出版这本书的人是傻子。

波利图卢斯在行为举止上跟他们两人有着明显的不同，因此他听到他们阅读祈祷文时，便对他们虔诚的表达嗤之以鼻，并把这篇神圣的祈祷文当作一种嘲弄和嘲笑。

然而，众所周知，无论是这位优秀的绅士，还是朝臣，抑或富人，除了那些拉着镀金战车在门口等候的马匹之外，都没有虔诚的心。但世界就是这样：盲人会谈论色彩之美以及绘画中人物的比例和谐与否；聋子会喋喋不休地谈论音乐；那些与宗教毫无关系的人会提出关于神学的论述，尽管他们不了解圣经的语言，也不了解基督教常用的术语。

在这里还必须提到一类人，他们会根据周围人的看法来决定自己是支持作者，还是反对作者。虽然他们对主题本身没有任何了解或研究。

刚刚提到的三位先生对这本出色的祈祷书自由地发表他们的想法时，索尼勒斯（Sonillus）碰巧在房间里。两天后，他与一些朋友会面时，这本书就是谈话的主题。索尼勒斯对别人说这本书沉闷感到疑惑，并重复了听来的关于作者弱点的玩笑话。因为从未翻开并阅读其中任何一页，所以他对这本书的了解和看法都来自传闻。如果通读了这本书，他或许就不会犯人云亦云的粗浅错误。

当我写下这些评论时，认识这四位先生的普罗布斯（Probus）希望他们有机会阅读一下这本书中自己的形象。唉！普罗布斯，这恐怕对他们好处不大，尽管它可以防止其他人重蹈他们愚蠢行为的覆辙。因为就算他们阅读了其中的内容，也不会在这些角色中找到自己的影子，尽管熟悉他们的人会立即辨认出这些特征并且看出就是他们本人。

判断他人的著作时，还有一个盛行的错误，即出于隐秘的虚荣、骄傲或嫉妒，他们会轻视一本有价值的书，并对它不屑一顾。如果询问他们严厉谴责那本书的原因，他们或许会告诉你，他们在书中发现了一两个错误，或者有一些观点或表达并不符合他们个人的预期。

巴维斯（Bavis）谴责一篇极佳的哲学文章，并说其中包含着无神论的思想，因为有一些观点似乎认为没有理性的人只是机器。在同样的影响下，莫墨斯（Momus）认为《失乐园》不是一首好诗，因为他读过其中一些单调而沉重的诗句，并且认为弥尔顿被过誉了。这是一种微不足道的幽默，它让一个人倾向于抱怨人类的任何表现，因为它并非绝对完美。

不要严厉地苛求：
弦或许在最好的主人手中，
但是最熟练的射手错失了他的目标，
所以在一首优雅的诗中，
我不会因为一个小错误而争吵，
诸如我们大自然的脆弱可能是个借口。

——罗斯康芒（Roscommon）

当我们判断事情时，应当做出明智和公允的区分。但是所有人都会嫉妒。嫉妒是一种被诅咒的植物，它几乎植根于人的本性，然而它起作用的方式却非常狡猾，令人难以察觉，哪怕于一些智慧和虔诚的人亦是如此。他们不知道如何对一位聪明的作家予以赞美，尤其是这位作家还在世，并与他们从事相同的职业时。如果可能，他们还会在这位作家的著作中寻找一些瑕疵，然后紧紧抓住不放并大肆宣扬。他们会极力贬低作者任何优秀文章的荣誉，使其在自己的谴责下成为无用之处。也许他们会假装坦诚地赞扬一篇文章，但是之后传播许多狡猾又不可思议的言论，这些言论会有效地摧毁他们所有正式的赞美。

当一个人感觉自己身上也存在这种恶毒的情绪时，他可以考虑通过以下方式进行修正：仔细思考一下这位作家书中的优点与瑕疵，并且要记住不去寻找文章的瑕疵，而去寻找其中特别的优点，这是一种更加光荣和善良的事情，真实而毫不掩饰的坦率是比指责更加和蔼可亲的神圣天赋。并再次反思，发现作者的错误是件很容易的事情，这些作家也不是完美的，也会犯错误。

但是，如果一位作家拥有许多与美德、虔诚和真理相符的优点，那么评论家就不应该过于苛刻，而应该推动思维的力量去写优于他们所谴责文章的作品。这才是超越他们所谴责的文章最高尚、最可靠的方式。

　　一点小小的智慧或知识，加上极大的虚荣和恶劣的本性，就会使一个人对一个优秀作家笔下一个真实的或想象中的错误，做出整整一页的批评和责备，这种行为可能会被某些有才华的人加以包装，使其充满娱乐性，毕竟这个世界欢迎责备和丑闻。但如果评论者能够尝试通过写一本同类主题的更好的作品来超越作者，他很快就会发现自己的不足，也许就能学会更公正和有力地评判他人的作品。

　　一个鞋匠可能会发现阿佩利斯（Apelles）画出的鞋子存在一些小瑕疵，这个判断或许是公正的，然而整个人物的肖像除了阿佩利斯，并没有其他人能够画出来。每一个可怜而低下的人都可能会对最富有、最高尚的人吹毛求疵；但当这种挑剔成为立刻反对一位聪明的作家和一篇有价值的文章的充分理由时，它就是一种缺乏天赋以及嫉妒、恶意的表现。

　　评判一本书时另一个常见的错误是，人们对整本书以及所有的章节做出了相同的赞美或谴责，而这些谴责或赞美本属于其中的部分章节。他们是按整体来进行判断的，而没有对作品做出适当的区分，这将导致那些听到他们讲话的人犯下危险的错误。

　　弥尔顿是一位高贵的天才，全世界都承认这一点。他的史诗《失乐园》是一部杰作，足以与最著名的古代作品相媲美。然而，即使在这样的经典作品中，其崇高的情感、无尽的尊严、表达的力量或美感都不是在每个部分均等地呈现，即使在所有那些需要宏伟或美感、力量或和谐的部分，也是一样。

我不得不同意德莱顿先生的意见，虽然我不愿使用他的话，那就是，在几十行诗中，存在着一种冷峻、一种平淡，而且几乎完全不存在诗意的精神，而这种精神在其他篇章中散发着，存在着，燃烧着。

当你听到任何评判一本书的言辞时，要考虑这个人是否有能力做出判断，或者他是否可能因某种不愉快的偏见或偏爱，支持或反对这本书，或者他是否已经做了充分的调查以形成最公正的观点。

尽管是一个非常理智的人，但如果他不熟悉书籍所讲述的主题和写作方式，或者他没有机会或闲暇去充分了解这本书，无论是散文或诗歌，他都无法传达对这本书的真实判断。

再次，尽管他有能力就所有的描述，根据该话题的知识以及书本自身做出判断，但是，你还是要考虑一下是否有任何关于作家、作家的态度、作家的语言、作家的观点以及他的特殊派别的东西，这可能会扭曲他对这部专著的观点，使其对它做出了或褒或贬、或有利或苛刻的判断。

如果你发现，或因他的无知，或因他的偏见使自己成为一个不合格的判断者，那么他对那本书的判断便毫无意义。

第 6 章　老师的指导和听讲座

很少有人有足够敏锐的洞察力和公正的判断力，能够在没有老师帮助的情况下学习一门学科。即便是借助最高的天赋、最好的书籍，也几乎没有哪门学科能够在没有老师指导的情况下迅速地学会。老师的帮助对于大多数人来说是绝对必要的，而且对于所有初学者来说都非常有益。书本是不会说话的老师，它们可以指导学习的方法；但是如果在学习过程中出现任何疑问或错误，书本本身是无法解决的，老师则可以很好地解决这些问题。

很少有老师的学识能够广泛到进行所有领域的教学。学海无涯，许多学科之间相隔甚远，最好能得到多位老师的指导，以便不断地学习进步。

对老师的要求

一位老师光是在他教授的领域内掌握了扎实的知识与熟

练的技巧是不够的,还要能够在实践中做到循循善诱。

当一个人由于政党、派别、利益或金钱等原因成为教师,但是既没有应有的科学知识,也没有适当的教授技巧,这对学生而言是一种极大的不幸。还有一些人,自身能力不足且无知,却有足够的自我欣赏能力并厚颜无耻地去做老师,他们可怜的学生也会相应地受到影响。

有些学识渊博的人,他们本身拥有很高的知识水平,却不擅长与人交流,或者他们在与人交流方面不愿意尽力。他们的谈话方式含糊不清,或者徒劳地展示自己的学问,或者迂回地解释书中的词语,或者不愿意向年轻的初学者屈尊,或者现在处于研究领域的较高层次,并享受这种地位给自己带来的快乐,或者根本没有耐心,容易在讲授知识时粗鲁无礼、怒气冲冲,无法忍受一些来自年轻、好奇而活泼的学生提出的幼稚问题。还有人只是非常粗略和肤浅地学习过一门学科,永远不能带领自己的学生进行深入学习。

一位好的老师不应该是这样的。好的老师应该:能够而且愿意以勤奋、关心和不知疲倦的耐心来进行所从事的工作;教导学生,保证他们的学习;因材施教,使教授的方式和方法尽可能地适应学生的个性和能力水平,并经常询问学生是否有进步和提升。

此外,一位好的老师应该特别注意自己的脾气和行为,以免自己不恰当的言行举止给学生做了坏的榜样，不应该有高傲的性情和卑污的灵魂，不应该对自己的学生有任何反感和轻视，也不应该使学生对老师及其教导产生偏见。如果可能，应让学生接受知识与提升能力的过程自然而温馨，以温和的暗示向学生传达知识，并且可以通过一种无法抵抗与感知的力量引导学生进入理性的更高境界。

对学习者的要求

学习者应始终如一，认真听从老师的指导，如果在某个时期不可避免地遇到了阻碍，他就必须尽力用加倍的努力来弥补可能的损失。他应该经常回忆和复习课堂上的内容，阅读一些其他作者关于相同主题的作品，同老师或同学进行商讨，写下目前最清晰的思考、推理和询问的结果，以备将来翻看这些笔记或重新审视它们，将所学应用于适当的情景，或加以完善使之成为自己的收获。

学生不应满足于只听老师讲课，除非他能清楚地理解老师所教的东西，明白老师的意思。一个年轻的学生应该表现良好，赢得老师的喜爱和注意，能在任何场合，以最大程度的自由提出问题，谈论自己的观点、疑虑和问题，以一种谦虚温和的方式求教。

学习者应保持对老师的尊重，认真听取教诲，就如同一个人愿意由更有经验的向导带领一样；虽然他不是必须认同老师的每一个观点，但是他至少应该遵从老师的意见，直到问题得到公正的解决。在擅自反对老师之前，学习者应当试着以诚实的态度对这个问题进行全面而深入的考察：如果论据和事实证明自己是对的，那么他应以谦逊的态度向老师提出反对意见，并表示不愿与老师的意见相左。

　　在我们这个时代有一种日益常见的愚蠢行为：年轻傲慢的学生常常认为自己比老师更聪明，认为自己一看或一想，就能看出老师的断言毫无意义，缺乏论据支撑，或者有其他的错误。由于年少狂妄，他们假装自己能够自由思考，敢于拒绝，或者用一种嘲讽的态度接受老师认定的观点和学说；而这些观点和学说，早已经过了长期反复的思考和多年的成熟研究。

　　确实，老师和大师也并非绝对可靠，也并非永远正确。我们必须承认，对于年轻人来说，在对父母的建议和老师的指导保持公正、庄严的尊敬的同时，又保持自由的思考、公正的评判，是一件困难的事情。我们在尊敬爱护父母和老师的时候，有时会不假思索地接纳他们的所有观点；一旦我们有完全的自由去反对他们的观点时，就会禁不住想要抛弃他们中肯而又富有智慧的建议。青年人总是处在这两种极端之中,并随时都有犯错的可能。

但我认为在这两种极端之中保持平衡比较有助于年轻人的成长。尽管老师的教导不应该左右学生的判断,但是经验不足的学习者应该对父母和老师的指导给予一定的尊重,而非绝对服从他们;然而,我们仍然必须坚持一点:如果老师给出的结论没有经过详细的论证和充足的客观证据支撑,学生可以拒绝接受,并自己对这一主题进行深入和详细的考察论证。

第 7 章　了解作者的创作意图

在语言和语言形式上存在这样一种现象，即同一句话会被理解为不同的含义，从而导致读者有时难以理解作家或老师的想法。这是一种极大的不幸。下面的建议可以帮助我们更好地克服这种障碍：

应该熟悉语言本身，因为作者的思想是借助语言表达的。不仅要理解每个词语的真实含义，还要了解这些词语置于特定情境时所具有的含义。需要熟悉几种语言模式、语言的重点，以及各种习语。

考虑词语和短语的意义，尤其应考虑其在特定国家或地区的用法，或在与该作家年代相近的作品中的意义，以及文化、政治背景相似的几位作家使用它们时的意义。

应将作者某本著作中的单词和短语，与通常处于所谓平行位置的相同或相似的单词和短语进行比较。就像一个东西可以解释另一个类似的东西，有时一个相反的表达也能够解释它的对立面。

<u>永远记住作家最能诠释自己</u>。全面地了解一位作者的整体思想很有必要。因此，<u>一致性原则在解决某一个具有争议的问题时会提供极大的帮助</u>。

　　考虑作者论述的主题，通过比较他在其他地方对同一主题的论述，你就能够了解作者对自己阅读的这一部分想表达的意思，尽管在这两个地方使用的一些术语可能具有完全不同的含义。

　　另一方面，如果作者在论述不同的主题时使用了相同的词汇，虽然词语的意思几乎相同，但是你无法通过比较来了解他的意思：因为一些作者在论述不同的主题时，可能会使用同一个词的不同含义。

了解作者的意图

　　研究他写一本书、一个章节或一个段落的目的和目标，将有助于解释特定的语句。我们通常认为，一个聪明的作家通常会按照他所设计的目的进行表述。

　　如果作者偶然谈及某个话题，就借助他在其他地方对这个话题清晰而直接的论述来理解他的意思；如果在谈到某个话题时，他使用的术语较为神秘或者带有隐喻，就借助他在其他地方使用的清晰简明的术语来解释这个话题；如果他的表达方式比较口语化，较为感人或者较有说服力，那么，应该借助他对这个话题更为书面或更加具有指导意义的表达来解释；如果作者针对某个特定主题的论述比较严谨，那么这个论述将能够解释其他更加宽泛的表达；如果他的论述是从整体出发，那么这个论述将能够解释更加简明的内容；如果作者某些地方写得比较晦涩，则可以在该作品中找到一些比较清晰的段落，通过这些段落来推断晦涩语言的含义。

例如，为了更好地理解《圣经》，读者需要仔细地了解犹太人的习俗，对希腊和古罗马时期的事件和习俗也要有些了解，这些知识有时会在你阅读之前感觉晦涩模糊的段落时给你令人惊喜的启发。

在某些特定的命题中，有时可以通过作者从某些主张中得出的推论来了解他的意思，并且所有不允许这种推断的意思都可能被排除在外。

请注意，在阅读和诠释通俗作家的作品时，这条规则并不总是确定的，因为他们可能会在推论的过程中出错。但对于严肃的作家而言，他们总是从自己的主张中做出公正的推论。然而，即使在这些推论中，我们也必须注意到，不应该把多次以相同方式提出的暗指错当成推论。

如果某个问题存在争议，作者的真正意思可以通过他所反对的观点表达出来。搜寻资料的过程可能需要花费比较长的时间，不过经过小心求证的内容会带来很强的获得感，这是值得的。

在存有争议的问题上，注意不要通过任何偏见将作者的观点歪曲成自己认为的那样。如果读者带着某种先入为主的偏见和观点来阅读，那么他们永远也不能获得自己辛苦追求的进步。

由于同样的原因，要注意不应该对作者存有激情、恶意、嫉妒、骄傲或反对等偏见，否则就很容易误解作者的话语，并因此产生反感。不要存着吹毛求疵的心，不要抓住某些小错误，就反对作者宣称和公开的观点。除非能用最明白和明确的语言证明，否则不要将他不承认的观点算在他的身上。

最后，请记住，你应该用希望自己被对待的方式去对待每一位作者和演讲者。

第 8 章 通过交谈提升思维能力

如果想通过交谈来改善我们的思维,那么,与比我们认知水平更高的人结识就是一种莫大的幸运。因此,在条件允许的情况下,经常与他们谈话是一条有用的建议:如果他们碰巧比较冷淡,那就使用一切有用的方法,从他们那里汲取知识,增长自己的见识。

无论与什么样的人交往,都不要在小事和不合时宜的事情上浪费时间。如果你需要与孩子一起度过几个小时,那就根据他的接受能力与其交谈,并注意幼儿身上理性的萌芽。如果你能辨别孩子的动作及其不同的思维运作方式,请仔细观察;也可注意观察幼儿在运用推理能力方面有了多大程度的成长,以及早期的偏见会如何困扰并损害他的理解力。通过这种方式,你能学会将注意力集中在对孩子有益的方面,或许你也可以获得一些有用的推论聊以自娱。

如果你碰巧与商人、农场工人、医生、艺术家、年轻的学生等在一起,可以引导他们谈论自己熟悉的领域。每个人都了解自己的工作领域。从这个意义上说，一个普通的机修工人可能会比哲学家更聪明。通过这种方式，你能够从遇到的每一个人那里获得一些知识和见闻上的进步。

三人行，必有我师

在日常生活中，不要把自己的活动范围限定在一个固定的圈层中。如果你在早期的学习和经历中收获了某些不符合事实的观点，或者受到了错误的引导，并且经常与持有相同观点的人交谈，会很难发现自己的偏差与不足。只要对话流畅地进行，与不同国家、派别、意见、实践经验的人进行自由广泛的交谈，就是对引导我们做出更公正的判断非常有利的。

据说，泰国国王第一次与在海岸边寻求交易的欧洲商人交谈时，向他们询问了欧洲国家夏季和冬季的常见情况。他们告诉国王，河里的水会结成坚硬的冰，人、马和满载物品的马车都能从上面通过，还会下雪，雪有时如同羽毛一样洁白轻盈，有时像石头一样坚硬。

国王对他们的话一个字也不信，因为泰国气候炎热，国王和臣民对冰、雪和冰雹一无所知。国王因此放弃了与这些

"可耻的骗子"的往来，并且不让他们与自己的臣民交易。

在形色各异的人群中，应努力向所有人学习。仔细倾听，但要注意自己的话语，避免暴露自己的无知或者冒犯别人。《圣经》严厉谴责那些对自己不了解的事物妄加批判的人。因此，有时要结识那些日常生活和风俗习惯与你相去甚远的人或团体，这样才能形成更明智的看法。

年轻人做事要有节制，也要接受长辈的监督。面对不同意见，不要害怕或生气。有的人自以为是，认为只有自己是正确的，除了自己的见解，听不进任何其他观点。他们将自己封闭在知识世界的一个小小的领域中，并幻想着只有这小小的领域闪烁着智慧的光芒，其余所有的领域都处在黑暗中。他们从不去探索知识的海洋，也不去探讨别人丰富的思想，尽管别人的思想坚实有益，可能比自己拥有的知识更加宝贵。不要认为除了自己所研究的学科和受教育的派别之外，不存在任何其他确定无疑的真理。

要相信人们有时可能会从远不如自己的人身上学到一些东西。人类通常是一种短视的生物，观点狭隘、有限，并且经常只看到问题的一个方面，无法将视线扩展得足够远。我们的所见所闻都有局限性，因此，我们无法得出正确的结论也就不足为奇了，因为我们不可能对任何主题或论点都做出全面的调查。即使是对自己的研究最为自豪的研究人员也认为，与其他人进行探讨是非常有益的，尽管那些人能力相对较差，研究也不够深入。

由于我们理解事物时有不同的立场，对同一事物有不同的看法（如果我可以这么说的话），一个不聪明的人有时会想到聪明人想不到的东西，如果能够意识到其中的价值，便能很好地加以利用。

在学习比较困难的知识点时，我们有一个相当有利的优势，就是我们与周围的许多人都有巧妙的联系，可以就遇到的难点向别人请教。因为每个人都有不同的天赋和思维模式，请教的问题将会在所有人的思维和天赋中经过全方位的展示，并且主题的每一面都被多角度研究，借此我们就能够得出一个更加公正的推论。

更能提升价值的交谈

同性或异性之间拜访对方的时候，在必要的寒暄过后，谈话有时会停滞不前，进而变得无趣、消沉。为了使谈话更有价值，可以找一本所有人都喜欢的书，征得在场之人的同意后，朗读书中的一两段，或几页，直到其他人就某些词或句子提出一两个与该主题有关的想法，这时可以打断朗读者，让大家进行交谈，因为谈话才是主要的任务。无论是对作品进行确认、改进、扩充，还是纠正、反对，或者提出任何与之相关的问题，都可以发表自己的意见，让对话进行下去。

一般说来，如果你有能力引导谈话，就应当把谈话引到有意义的话题上去——只要它们合乎礼仪，不要让时间漫无目的地流逝。在开始一个话题后，请不要急匆匆地转移到别的话题上去，除非有人已经把当前的谈话主题带到了某个还不错的问题上，或者是大家一致同意停止这个话题。

当任何一个人表达对问题的看法时，你要认真听取。就算他的观点与你的意见大相径庭，也应该耐心地倾听，因为你也非常希望与你意见相左的人能耐心地倾听你的意见。

不要让头脑忙于找出可以反驳他的观点，或者思考用什么方法来反对他，尤其是在那些没有引起争论的问题上。这种做法经常发生，也令人不悦。应当主动留心讲话人的思想和意义，积极抓住和验证他表达的主要意思和论证逻辑。然而，在必要的时候也应该大胆反对，但同时要展现出你的谦逊和耐心。

如果一个人讲话时非常自由和轻松，能够用最平实的语言表达意见，不要立刻认为在他身上无法学到任何东西。有时你会发现一个人在谈话或著作中传达思想的方式非常平实、浅显易懂，他所有的表达，只要你读到或听到，立刻就能够理解他的意思并同意他的观点。不要匆忙地结束这样的倾听，除非他一直讲一些平淡无奇的东西。

佩卢西多（Pellucido）是一个伟大的天才，他在上议院发言的时候，惯于用一种简单愉快的方式来表达他的意见，这样能够指导和说服每一个听众，并通过整个议会贯彻这一信念。

面对这么多证据，你可能会觉得，每个人谈论的主题都不同，但佩卢西多是唯一能做到这一点的人，也是唯一拥有这种艺术和荣誉的演讲者。

如果在与朋友的谈话中有一些东西看起来不甚明朗，导致你不了解所讲的内容，应该尽力选择一种得体的方式来询问，以得到更清晰的概念。不要指责对方在意思或语言上晦涩难懂，而应该请求帮助，以弥补自己缺乏洞察力带来的影响，或请他指点一二，使你能理解全部意思。

如果对谈话的理解出现了某些困难，请把异议集中在谈话的内容上，即只提出谈话中可能会引起对方反对的观点，但是不要说明你的反对意见。这样比直接用自己的观点去反驳对方，显得更谦恭、亲切。

如果不得不表达与对方不同的观点，也应该尽可能地同意他的观点，并表明在多大程度上同意其观点。如果有余地，应该用一种你能够同意的方式来解释对方的话，并赞同他的观点，或者通过扩充或修改他的观点来表达你的思想。

作为一个诚实的听众，让别人感受到你是多么不愿意同他意见不一致，应该是一种惯例和乐趣。让讲话的人知道，你提出反对意见是出于追求真理。<u>表达不同意见时应该用简短、文明、恰当的词来表达</u>，尽量避免冒犯别人。

要小心，时刻谨记所罗门的法则，应该等演讲结束后再进行评论。因为<u>"一个人如果在听完一件事之前就加以评论，这对他来说是愚蠢和羞耻"</u>。

年轻时在这些方面稍加关心，多多练习，将使你面对这些事情时更加轻松自然，并由此养成勤于思考、善于归纳的好习惯。

自负会带来麻烦

<u>你应该始终对自己的无知有坦诚的认知，不要害怕或羞于承认它</u>，应该抓住所有适当的机会来提出问题以得到更多的信息。无论是词的意义、事物的本质、命题的正当性，还是一种习俗等，都不要因为缺乏询问而一直处于无知的

状态。

有许多人，如果没有过于自满，自认为已经掌握了足够的知识，或者没有对自己并不熟悉这些知识的事实羞于启齿，那么现在他们可能已经掌握了相当程度的知识。

但是如果一个人自认为很了解某一个主题，或者不敢询问别人关于某个主题的知识，这样的人很难改善自身的知识构架。一个傻瓜可能自以为比十个会说理的人更聪明，而这样的人很可能永远是傻瓜，也许是愚蠢得羞于启齿使他一直愚蠢。

如果傻瓜有溃疡，他们用骄傲掩盖它，

他们必然仍然有溃疡，因为没有人可以治愈它们。

装腔作势同样有害

年轻时不要太冒失。不要用绝对的口吻和专横的话语来判断问题，也不要装腔作势，用武断的口气说话。年轻人在长辈面前应该尽可能地听取意见，对存疑的观点应权衡每个支持或反对该观点的内容。轮到自己发言时，应该用提问的方式提出你的想法。这样，你的思维能够更加容易接纳真理；如果对某些观点没有十足的把握，这种方式也能使你更容易纠正和改善自己的观点。但是如果你已经确定了某一观点，那么即便内心确信自己错了，在纠正此观点时也会有一种隐隐的抵触情绪。

事实上，确实会出现一种情况，即专研科学的人偶尔也会有比较莽撞的时候，他们可能会用傲慢和坚决的态度，坚持维护严重、危险的错误，或者抛弃、诋毁一些重要的真理。如果他有良好的谈话天赋，而没有人对他提出任何异议，众人可能很容易受到诱惑并赞同这种人轻率、无懈可击的话语。

意志薄弱的人太容易说服自己了。一个人如果不确定自己是对的，就不会以这么肯定和绝对的语气说话，而且能够很好地维护和证明自己的观点。在这种情况下，如果没有人对这样一个虚伪的人提出反驳，那么真相就会被蒙蔽，甚至有被迫消失的危险。

在同样的情况下，即使是聪明、谦虚的人也可能会装腔作势，用自己的武器击退傲慢。所罗门曾说，"对待一个愚蠢的人应该以愚蠢应对他，以免他自负地认为自己聪明"，也防止其他人因为他专横的命令轻易动摇自己的信仰和理性。

在这种场合，勇气和积极性是最必要的。但是，最好加入一些真实和令人信服的论据，并让它得到强烈的宣扬。

当发生这样的争辩时，你会发现，那些装腔作势的讲话者如果发现对客观真理猛烈却毫无逻辑的攻击被坚定的信心击退，就会缩回自己的阵地。但我们知道，胜利有时会站在错误的一方，除非有人以同等力度的论证捍卫正确的立场，否则其他人都会被迷惑。

遗憾的是，所有重要的学说都需要这种辩护。如果碰巧听到前面那种攻讦，我不能一言不发地偷偷溜走，任由真相被击败倒地，然后流血、死亡。然而必须承认，能够扑灭其他人的傲慢，赢得显而易见的胜利，我应该感到高兴。但是，更应该令人高兴的是没有任何机会使用这种武器与其他人争辩。

坚持处理争论的原则

不要对事情的正反两方面争论不休，也不要过于展示自己的攻击和防守能力。不能让你增长任何知识的逻辑毫无价值。这种尝试只会让你远离知识的道路，转移对所争辩或追求的真理的探究。在争论中，一根小小的稻草通常都被拿来支撑自己的论点，每一件能为论点增色的东西都会被夸大，这种想法有点儿虚荣与卖弄。它使我们无法以正确的方式寻找和接受真理。

在追求真理的过程中，不要把温暖的团体精神带入自由交谈，这种自由交谈的本意是使参与者相互促进。小心不要陷入某些自满中，自满会迅速关闭理智的大门，把所有新观点牢牢锁在门外。让思维从当前易犯错误和不完美的惯常状态中脱离出来，随时准备接受进一步的发现，让朋友们觉得，对于你来说，学习和说出"我错了"这几个字并不难。那么，对于大多数人来说，说出这几个字又有多难呢？

在帮助过于保守或谦虚的朋友充分发挥学识、智慧和良好的观点方面，你有时候会质疑自己的指导和改进。如果认为一个人对辩论的主题不熟悉，你可以通过苏格拉底（Socrates）式教学法提出问题，引导他清楚地了解主题，然后你就成了引导者，这种方式会使你看起来谦逊有礼。

注意不要总在众人面前表现得比别人出色，不要时刻展示你强大的理解力和雄辩力，仿佛要让在场的人都钦佩你。有教养的人很少这样做，那些会暗示与你交谈的人无知或迟钝的讲话方式更是应该竭力避免的。

你可能并不喜欢在人群中装腔作势地长篇大论，但是如果碰巧有人这样做了，也不应该粗暴地打断和责备他，而应在他说完时，将他的观点压缩成更加紧凑的形式，不是纠正，而是像怀疑自己是否真正抓住了他表达的意思。借此可以更容易地将事情理清楚，可以更快地确定问题。

不要轻易将无知、偏见和错误安在别人头上，要首先怀疑自己是否犯了错误。为了表明你没有偏见，要学会容忍矛盾；善于听取别人的反对意见，特别是头脑清醒、品行良好的人在存疑或有争议的事情上的反对意见。耐心听取各方意见，否则别人就有理由怀疑这个观点不是以真相为基础，而是对判断——你喜欢的某个推断——的预期，你希望它们不受干扰。如果你的论断有充分的理由，为什么害怕将它置于论证中进行评判呢？

彻底摆脱所有的闲谈，以及一切能够唤起激情或热血沸腾的谈话。在你们中间，没有尖锐的语言，没有喧闹的感叹，没有嘲笑、讽刺；不得从对方的意见中得出任何不正当或令人憎恶的结果，并将其归咎于人——不要故意歪曲别人的意思；不要突然抓住某一个细微之处来做文章，也不要滥用任何无意的错误，如果一个温和的对手开始屈服，不要用话语侮辱他；即使你觉得胜利在望，也不要欢呼雀跃。所有这些行为都会破坏友谊和自由的对话。

公正地追求真理需要安静与平和、温和与坦率；在激情、骄傲和喧嚣中，双方永远无法达成共识，除非在这样的场景中，即双方都能理解这是一场有关人类愚蠢、可耻弱点的高亢而深刻的演讲。

如果人群中出现令人不悦的话语，可能会给你一个产生厌恶的理由，但应该平息怨恨，一直保持公正。让思维和嘴巴保持沉默，以免在那一刻放弃所有改善的希望，将博学的对话转换成卑劣、低俗的辱骂和指责。

在这样的场合中破坏和平气氛的人，如果身上还有任何一点儿朴实的精神，将会陷入羞愧和对自己的责备中。如果他做不到，要给他严正的警告，或在愉悦的气氛中用温和的方法给争辩者一个机会，使他停止不当的举动；否则，请撤回这样的不当行为。

在谈话中保持坦率和乐于助人的态度，即使在教学、学习，或反对别人时，或者在断言或证明时，也应该学习使人感到愉快的艺术。如果注意这种指导，并经常地加以锻炼和练习，便能逐渐掌握这门艺术。

如何选择合适的交谈对象

关于应该选择什么样的伙伴来提升思维，一般的规则是：选择那些自身有闪光点、勤奋、在学习上表现优异，或者任何在艺术、科学、宗教、世俗方面比较优秀，可能有助于你进步的人，并且一定要考量其道德品质，以免在提升自己的智力时陷入不道德的境地。没有智者会为了看到欧洲艺术家的绝佳收藏而冒险进入感染瘟疫的房子。

并非每个清醒的人，或者每个有聪明才智或富有学识的人都适合自由交谈。也许一个人拥有杰出的才能，但如果他存在以下任何一个缺点，就不是我们所要追求的合适的伙伴：

1. 过于矜持，不喜欢谈话，或者不懂得用语言表达自己的观点。

2. 为自己的学识而骄傲自大，总是喜欢把观点强加于人。

3. 对自己的意见颇为独断，总是争论到底；为了不处于失败境地，拒绝最有利的证据。

4. 总是喜欢在人群中表现自己的独特和学识，喜欢自己对某一主题高谈阔论，发表冗长的讲话，而其他人都必须保持沉默和专注。

5. 思维游移不定，不能接近争议点，永远在争议点周围徘徊，并且总是热切地希望说些什么，无论是否与问题相关。

6. 烦躁不安、暴躁易怒，在任何场合都感到不满。不知道如何处理矛盾，或者总是错误地处理事情；总是很快就感受到冒犯，或想象自己被侮辱，然后表现得非常激动，或沉默和暗暗发怒。

7. 喜欢装腔作势，喜欢幻想和讲一些双关语，喜欢借口、诡辩、玩笑和反驳；这些可能会给人一时半刻的愉悦，但对寻求真理没有任何益处。

8. 总是带着诡计、掩饰、伪装，表现得像间谍而不是朋友。当心这样的人，他会在谈话中滥用自由，如果你的观点碰巧与权威或习俗不同，他会立即指责你的观点是异端邪说。

简而言之，如果在寻求真理的过程中，有人做了任何不符合真诚、自由、开放等原则的事情，那么在谈话中应该避免与这种人接触。

虽然我会说服你提防这些人，并且避免跟他们进行太多的交谈，但如果碰巧你也沾染了这些恶习，自然应该注意对它们加以防范。如果学识渊博的人在你身上发现此类令人不悦的性格，就会坚决避免与你交往。

总而言之，从人群中脱离，与自己交谈，并询问自己学到了哪些知识能够在未来改善理解力、纠正不良嗜好、培养美德。如果周围的人态度坦率、低调、谦逊，观点明智、独到、公正，表达方式礼貌、优雅、清晰有力，并且他们的行为被普遍接受，令人愉悦，你应该努力将这些做法铭记于心，并进行效法。

如果你的伙伴没有很好地遵守理性、正派和礼貌的原则，你自己应该注意避免这些缺陷，从而获得进步。在优雅、礼貌和有益的对话中，每一次都应该注意一些可以学习或避免的行为。

也许你会发现一些人，因为明显的矫揉造作使人不满，比如，在其他人准备反驳他时，他选择过度卑微的奉承或不加区别的谄媚。有些人应该因为郁郁寡欢和装腔作势的沉默而受到惩罚，也有人分外焦虑和小心，唯恐沉默被人视为无知，因此硬着头皮谈论，尽管他们的话没有什么值得听的。

也许你会注意某个人思维敏捷，语言伶俐，但太过自负，所有人都能发现他的自负，的确，他说得很好，但讲得太久了，并且不允许伙伴们享有同样的自由或时间。你也会发现，还有人在朋友发表完意见之前就急着阐述自己的观点，对反对的话毫无耐心。

通过对这些不适当行为的回顾，你能够学会避免那些破坏良好谈话或使谈话不那么愉快和有用的愚蠢及不良行为。渐渐地，你就会在一切有用的交流中，学会那种令人愉悦又畅快的谈吐和举止，而这种谈吐和举止也许会使你深受欢迎。与此同时，在良好的谈论中，你可以获得智力和学识方面的最大提升。

第9章 解决争议

所谓争议，即两个或两个以上的人持有不同的观点，在交谈中通过辩论的方法捍卫自己的意见或反对对方的意见。在提升个人认知这一总原则下，我们可以对争议进行细分。

双方对这些争议往往郑重其事，对他们各自支持的主张深信不疑。有时争议只是被学者们或学校里的学生们指定为技能实验，有时则是律师在法庭上为获得各自客户的费用而进行的非常激烈的争论，尽管双方对所审理的案件可能存在相同的看法。

在日常谈话中，争议的处理往往没有任何形式的规则，争论的目的有可能是善的，也有可能是恶的。有时争论能成功地发现真理，有时能有效地维护真理，但其他时候，争论只是为了取得无用的胜利而进行的一场交战。

如果想通过辩论寻求真理，或者让朋友确信自己没有错误，那么在辩论中应该遵守一般性的规则。几乎每个人都对事物有不同的意见或看法，所以当几个人在一起讨论某一问题时，他们就准备好了发表不同意见，以及支持这个意见的所有理由。

辩论的一般规则

辩论一旦开始，就应该注意在一般性原则或主张上取得一致意见，否则就没有互相说服的基础和希望。

如果发现辩论双方在某些小命题上观点一致，那么应该进一步探寻在什么样的命题上观点一致，以及多大程度上观点彼此接近，让它们为共同的信念和希望奠定基础。为此，你试图提供一些新颖和关联不紧密的命题的尝试会被制止，因为它会延长辩论的时间且使它复杂化。

辩论时应当排除一切疑义和不必要的补充，凡属辩论主题的内容都应该清晰易懂。这件事非常必要，如果没有它，人们将会面临一种荒谬的竞争。

不仅辩论双方要明确所使用词语的意思，而且辩论的主题也应该确定、清楚。辩论的主题应该严格限制在特定范围内，或者在更广泛的意义上，防止双方偏离主题。

某种小小的幽默或不诚实的技巧，有时会改变问题，让辩论偏离主题，让争论无休无止，进而使辩论的双方无法得到满意的结果。

它通常是这样发生的：当一方感觉自己即将被驳倒，他便试图闪躲，避免被打击，这会使他偏向一个不同的问题。如果对手不是很了解他，他就会开始用一个新的堡垒保护自己，并用新的思想和话语的火炮阻止自己被围攻。人类的骄傲是这种错误的根源，这也使人类不愿放弃自己的观点，甚至不愿被真理本身战胜。

因此要记住一点，并使之成为寻找真理的辩论中永远不变的行为准则：<u>自以为正义的强烈而固执的好胜心，是所有进步的克星和寻求真相的有效阻碍</u>。除非辩论的双方都非常警惕，否则这个因素在每次辩论中都有隐秘、强大、有害的影响。它在交谈中频繁出现，所有年龄段、性别、派系的人都如此喜欢站在正义的一边，以至于他们并不知道如何放弃这种不幸的偏见和对胜利徒劳的热爱。

当拥有巧妙证据的真理能够打断争论的一方，攻克他的反对意见和错误时，偏执的头脑是多么迅速而敏捷地运用智慧、幻想和诡计去遮蔽、为难和迷惑真理啊！它又急于抛出一些无礼的问题来转移话题。他如此迅速地抓住偶然出现的几个字，从而把谈话从当前的主题中引开。<u>人类的本性使人害怕放弃自己的错误，害怕被真理征服</u>。

正因为如此，一只被追赶的野兔唤醒了大自然教给它的一切本能：当面临被抓住的危险时，它会跑回自己的迷宫，混淆原来的足迹，然后用尽一切可能的办法来转移气味。但是，谁会想到如此理性的生物竟然如此煞费苦心地回避真理，逃避理解力的进步呢？

如果你为了找出真相而陷入争论，不要以为自己事先已经拥有真相。以真诚的目的进行辩论，向理性屈服，无论它出现在哪一方。不要使用任何狡猾的方法来掩盖或扭曲问题；不要用含混不清的词语隐藏自己；不要使用诡计来避免争论的力量；就算真理站在对手一边，也要慷慨地享受第一束真理之光；努力消除其中微小的不清晰部分，并鼓励它爆发，变成开放和令人信服的光；虽然对手的推理比你的更好，但是你也会战胜错误，我相信这是一次更有价值的收获和胜利。

每次辩论中都要仔细观察，不要让对手使你不加提防地同意某些原则，这些原则可能带来严重的后果，使你不知不觉地同意他的观点，尽管该观点可能与真理相差千里。如果你走错了这一步，就会毫无察觉地陷入危险的错误。

请记住这种针对微妙错误的简短警告。一旦让一条蛇强行钻入你小而疏漏的裂缝里，它将不知不觉和不可避免地把它的整个身体都钻进你的肌体，给你造成致命的伤害。

另一方面，一旦你发现对手做了某些让步，而这些让步在坚持真理方面可能转化为真正的优势，你应该明智、警觉地关注它，并巧妙地加以改进。

如何解决棘手的争论

倘若你同一个与自己原则完全不同的人争论，而且找不到任何现成的办法通过彼此都能愉快接受的原则说服他，<u>你可以公正地利用他的原则，展示他的错误，从而说服他或使他沉默</u>。

<u>然而必须非常小心，以免辩论打断热情，唤醒激情</u>。当对手奋力一搏，给正确的意见以公正而致命的伤害时，我们的热情很容易受到打击，使我们产生怨恨，并冲动地进行防卫。自我与我们所选择的观点彼此交融，对所有针对它们的反对都有着一种敌视的感觉，使得个人之间很快发生争吵，最终影响大家本来的目标。喧哗、吵闹和愚蠢以各种形式体现出来，从视野中驱逐了理性和真相。

在这种激情强烈迸发和理性昏暗闪烁的状态下，脆弱又可怜的人类是多么不幸啊！我们在争论中动情时，准备好了多少胡言乱语和指责加在对手身上，而不是坚持理性和真理。令人沮丧的是，人类经常陷入这一不良行为之中。正是

这种普遍而危险的做法，使我们在寻求真理和传播真理的过程中，让心灵远离公正和诚实。

无论是偶然的谈话，还是在任何特定的时间或地点的辩论，无论这些一般性的指导原则是否被正式提出来，因为它们的普遍适用性，每一位积极参与辩论的人都应该就此达成一致。

第 10 章　关于研究或沉思

在前几章中已经清楚表明，我们的观察、阅读，以及我们参加的精彩讲座、聆听的生动交谈等，如果不经过个人亲自调查、检验、思考和判断，就无法提升个人的认知能力和水平。一种天赋或远见卓识、良好的判断能力、优秀的记忆能力，以及大量观察和交谈，将在很大程度上促进思维的提升，反过来也会进一步提高观察、阅读和判断能力。

在前面的论述中，已经说过应该如何利用沉思和反思的能力来检查、培养和改进所有其他能够丰富我们理解力的方法。本章则给出一些进一步的提示——如何运用我们自己的思想，我们应该思考什么类型的主题，我们应该以什么方式规范研究，以及该如何改善自己的判断能力，以最简明有效的方式获取对每个人在其生活环境中，尤其是对那些有学问的专业人士来说，最为有用的知识。

给年轻人的第一个建议是应该尽早学会区分词语和真实的事物。对于要学习的东西应有清晰明了的概念，不能仅仅了解一些词汇和名称就知足了，以免辛苦学习得来的只是许多堆砌起来的晦涩难懂的言语。这条建议对每门学科的学习都有极大的用途。

明白自己能力的范围

不要钻研远远超出自己能力范围的深奥问题，不要在任何特殊学科上花费过多精力。不要急于了解目前自己能力范围之外的事情，不要立刻钻研知识的深处，也不要中途开始研究任何学科，这样做不仅不能启发理解，还会造成挫败。

因为做超出自身能力范围的尝试，可能会使人气馁，使头脑变得迟钝，还可能阻碍理解，使人厌恶勤奋，甚至可能使人由于绝望，从此以后无法从事这方面的工作。就像一只手臂，举起超过承受能力的重量，使其过度紧张，可能会使它永远无法恢复以前的敏捷和活力；就算能够恢复，也可能会因为前面失败的阴影而再也不能正常地发挥力量了。

但另一方面，不要在每一个转折点都畏惧暂时不易克服的困难，也不要想象真理被包裹在无法穿透的黑暗中。有时，这是为了迎合自己的懒惰而出现的可怕幻觉。那些问题在遥远、混乱的视野中似乎非常模糊，令人困惑，但是我们可以用温和、有规律的步骤接近它们，然后对其进行详细的解释。几何学中最难解的问题，以及最复杂的图式或图表，都可以一步步地阐释和理解，每位伟大的数学家都见证了这一过程。

研究应该循序渐进

在学习新事物时，首次呈现给心灵的东西应该尽可能少，并且还要理解并完全掌握，然后再进入下一个相邻的未知部分。这种获取知识的方式虽然缓慢但安全可靠。如果思维首先适应了更容易的主题，以及与已知部分接近的事物，然后缓慢地前进至知识领域更遥远和更棘手的部分，将有助于人们坚信自己的能力可以应对巨大的难题，并成功战胜它们。

马森（Mathon）看到一本关于几何和测量的新书，浏览了最后两章，他看到书中关于圆锥体的截面和角锥体的复杂图表，以及一些关于圆锥部分的深层次证明后，感到震惊。于是，他绝望地合上书，以为只有艾萨克·牛顿才能读得懂它。

但导师却愉快地劝他从第一页关于线条和角的部分开始阅读；在接下来的三个星期里，他每天都能取得一些进步，并从中获得了惊人的快乐，最后他成了那个时代著名的几何学家之一。

不要同时钻研太多事物，尤其是那些彼此间没有关联的事物。这会分散理解力，使你无法在任何一个学科的学习中接近完美。该做法会让你对几门学科略知一二，却没有任何真正有价值的改进。它虽然可以立刻有效地帮助人们进行两三种研究，以多样性来愉悦大脑，使其不会被单一的思想过度刺激，但是会分散注意力，弱化大脑在其中任何一门学科上的运用。

同时钻研两三种学科时，如果其中一门学科枯燥、抽象、令人不悦，比如逻辑学、伦理学、法学、语言学等，那么另一门学科就应该有趣和令人愉快，以免大脑陷入疲倦和厌烦。

钻研过程中应该尽可能带着喜悦，以更好地承受枯燥研究带来的疲劳。诗歌、应用数学、历史等一般都是受人尊敬的娱乐性研究，人们研究起来可能会很愉快。因此，通过研究一些令人愉悦的内容来缓解沉闷的工作，这些内容也会丰富我们的理解，让我们在快乐中有所收获。

聚焦目标

在追求有价值的知识的过程中，要始终看准目标，不要因为途中任何小事分散注意力。有些人总是游移不定，随时准备追求每一个偶然的主题或想法，最后却忘记了原来的主题。这些人在谈话的时候总是详细叙述每一件事情，把叙述内容加上括号，直到把最初的构想抛诸脑后。就如同一个人被派去寻找重要宝藏，但却偏离了路线，在路上收集发现的每一朵花，或挖掘遇到的每一块闪闪发光的鹅卵石，却忘记了寻找宝藏。

注重区分主题的重要性

在每一个主题和问题上都要谨慎、勤奋和运用技巧，使之与其重要性成正比，同时也要考虑到无知或错误带来的危险和不良后果。许多优势都来自这一法则：

1. 这一法则教导你在学习基本的真理时要非常细心，因为这些内容有着重要的意义，同时又可以很容易地把我们的思想引导到无数低级和特殊的命题中去。

2. 这一法则指导我们在实际问题上应更加谨慎而非简单推测，因为它们具有更大的用途和更重要的后果。

3. 在实践中应该谨慎地确定目标，明智地确定目标范围，因为这将决定选择和使用何种手段来实现目标。如果目标错误，那么在这方面的努力都将是徒劳的，或者更为不利的是，我们的努力更容易达成错误的目标。如果把感官上的快乐、财富当作我们的主要目标，那么我们选择的就是与虔诚和美德截然相反的方式，这会使我们迅速走向真正的不幸。

4. 这一法则将使我们以最强大的力量和最深切的关注集中于那些有关未来的事情：至于那些只着眼于当前生活的观点，相比于那些对我们的永恒关注点有影响的事物，重要性则小很多。

5. 这一法则要求我们不仅要避免一些会影响我们自身知识和实践的错误，还要避免对我们自身和其他人造成广泛影响和伤害的错误。或许对于许多人或家庭，对整个教会、城镇、国家或王国而言，在这个问题上，那些被号召指导他人的人，那些无论是在教会还是国家中被推举到上层的人，在解决有关民事、道德或宗教生活问题的原则时都应该细心，以免造成广泛的危害及最严重的后果。

这是该法则带来的一些好处，<u>探寻和研究都应该与它的真正价值和重要性成比例</u>。应该防止一些自己喜欢的主张或者热爱的学科超越你的思维，对其他的研究产生影响。

应按照事物本身的状况来考虑问题。一些事物的自然关系难以改变，因此，为了正确地理解它们，我们必须应用自己的理解力和判断力探知事物，而非故意歪曲和扭曲事物，使其符合我们的幻想。

不要对任何心仪的研究太过偏爱，从而轻视了其他方面的知识。这是一些年轻人会犯的错误：他们虽然对所学习的天文学、地理学、宗教学或者数学方面的知识都是一知半解的，且缺乏对其他学科的认识，但是敢把其他学科与自己最喜欢的学科相比并嘲笑它们。他们的理解力就此被束缚在狭隘的领域里，再也不向智力世界的其他领域探索，尽管这些领域比他们熟知的领域更加美丽，也许更加富有成果。如果他们愿意探索其他学科，可能会发现新的知识宝藏，还可以得到大量思维的启发来克服他们在所熟悉的领域遇到的困难。

给每一项特定的研究分配适当的时间，并且不要在最喜欢的学科上花费过多的时间，去研究工作中更有必要、更重要的事情。

如果经过斟酌，根据自己的生活状况为某项特定的学习规定了适当的时间，那么就要努力遵守规定。事实并非总是很精确，但具有常规的稳定性。学习过程中的顺序和方法可以节省大量时间，并使学习效果得到大幅度提升。这样固定的时间会产生积极的影响，可以防止在鲁莽中轻视和浪费时间。

从事任何一项研究投入的时间都要适中，要避免大脑因过度的投入而疲倦或走神。在任何时候都不要使精神过度疲劳，以免大脑在完成一个特定的主题之前，就已经厌倦了。

在你学习任何新学科之初，不要因为目前遇到的困难而不安，也不要太过强求或急于寻求当前问题的答案和解决办法。也许再多学一点儿，多了解一点儿，多一些时间和经验就能解决这些困难，打开这个关节，消除疑惑。尤其是有老师指导的情况下，他会告诉你探究或许有点早，你还没有学会解决这些困难的原则。

接受不确定性

不要期望你追求的每一个主题都有明确的解释。我们必须尽可能恰当地平衡各种争论，在无法从任何一方找到足够多的优势，以完全有把握做出决定的地方，或许必须使自己满足于小小的优势。这将会为我们提供一种可能的支点，而这些可能性足以决定人类生活中的上千种日常行为。

尽可能把每一项推测性研究都应用到实际中去，这样会给大家带来更多的福祉。即使在自然哲学中，探询也不应仅仅是一种娱乐。对身体及运动的研究应该引导人们发明获得快乐的方法，以方便我们的生活。或者至少应该改进它们来唤醒我们，使我们能够及时地从奇妙的智慧和发明中获益。

第 11 章 集中注意力

应该用所有适当的方法保持精神专注。保持稳定的注意力对改善我们的思维非常重要。我们并不总是能在第一时间发现真理的证据,也不能看一眼就能发现事物的本质。只有经过长期的关注和不断的核查,才能找到充足的论据,而由于缺乏论据,我们总是误判许多事情。

如果我们由一个细小、突然得来的论据便急匆匆地做出判断,确定了从一瞥中得出的猜想和模糊且困惑的感知的判断,就容易陷入错误之中。就像一个在迷雾中的人,与任何物体(比如一棵树、一个人、一匹马或一座教堂)都相距甚远,如果这时判断这个物体的形状、位置和颜色,就会产生很大的误差,有时甚至是完全错误的。然而,如果这个人直到接近这个物体,或等到光线更加清晰后再进行仔细观察,做出判断,就能避免那些低级的错误。

保持注意力集中的规则与方法

现在，为了保持更集中的注意力，我们需要遵守以下规则：

对想学的知识要有积极主动的态度。根据以往的观察，集中精力学习那些自己渴望学习的知识并不困难，尤其当那些知识是理智的问题或是在幻想中描绘的想法时，尤其如此。

如果在研究中能获得乐趣或消遣，我们就会集中注意力。例如，研究数学问题对保持思维的注意力和稳定游移的性格有积极的影响，因为数学研究涉及很多线条、数字和图表，它们能够使感官愉悦并影响想象力。

历史也有着同样的作用，因为它能通过各种各样的理性事件使思维沿着一个稳定的方向运行，而当一个事件开始时，人们最初并不知道它是如何终结的。由于人类天生具有好奇心，所以人们渴望了解事件最终的结果。

海上航行、旅行，以及对陌生国家及事件的描述将有助于保持高度集中的注意力。这种方式是通过新鲜事物的不断出现以及给人以期望而使人保持注意力的，而且那些新鲜事物能大大激发人们的想象力。

有时，我们可以用感性的东西和形象来说明那些比较抽象和理性的概念。因此,图表在天文学和哲学上对活跃思维有极大的帮助。可以用美德和恶习的象征教导孩子,并将有益的道德观念铭刻在年轻人的脑海中,而它们仅仅通过抽象的话语是难以传达的。

我承认,在这种用图表来表现道德观念的做法中应当小心谨慎,以免头脑因此沉浸在有形的图表中,无法接受抽象、理智的观念,或使思维对非物质事物形成错误的观念。因此,图表仅仅适用于开始的时候,但它绝不可能是我们追求所有道德和精神主题的一贯方式和方法。

将自己投入到研究中去,去阅读一些作品,它们会将自己的主题拉进一个永恒且相互关联的推理链条中,其中,后面的部分会很自然、很容易地从前面的部分中推导出来。这将使一个理性的人愉快地从事研究工作,并通过研究获得理解力的充分发展。无论在什么地方,劳动本身都是一个幸福的命题。

不要选择嘈杂的场所作为经常学习的地方。过多的光线和各种吸引眼球的物体,尤其是它们在不停运动或经常变化的时候,会自然而强烈地使头脑频繁偏离所思考的事物,这样,思维就会在愚蠢的好奇心、鲁莽、轻浮的共同作用下养成坏习惯。

在肯辛顿或汉普顿宫的美女、欢乐和消遣中，瓦加里奥（Vagarlio）认为他有一个最好的房间作为学习的场所。但是，在自称学习七年之后，他仍然是个新手。

不要急于解决一个困难或重要的问题，要认为它值得你等待并最终会发现真相。不要仅仅因为某一问题的研究过程漫长且困难就过早地对某个观点表示认同。宁可暂时满足于无知，继续处于悬而不决的状态，直到付出的思考与努力，使你找到足够的证据支持某一观点为止。有些人喜欢一下子就了解很多，喜欢在真正了解之前就自由大胆地谈论，这导致了他们几乎不能投入足够的注意力来彻底研究它。

注意不要放纵动物天性中感性的激情和欲望，它们是集中注意力的劲敌。当一个学生开始寻求真理或提高自身理解力时，不要让思维受到极端感情和偏执的影响。一个人在爱、恐惧、愤怒、巨大的痛苦或深切的悲痛力量的作用下，思维几乎不受约束，以至于不能专注于某一确定的主题。激情几乎能不间断地影响思考，使思维向着强烈情感的方向前进，如果我们沉溺于强烈动荡的情感，就会养成一种不稳定和漫不经心的思维习惯。

然而，必须承认这一例外，即如果我们能够在所追求的特定研究中释放发自灵魂深处的热爱，那么我们所投入的事业将会得到更加强烈的关注。

因此，通过考虑神圣的真理和知识，通过我们的责任感，通过训练我们智力、才能的乐趣，通过将来服务人类的希望，在进行任何研究时，专注于特定的思考主题和维持长久稳定的注意力是非常有用的。这些思想虽然可以触动我们的感情，但是能产生适当的影响：它们会增强我们的注意力，而不是扰乱或转移它。

第 12 章　提升思维能力

有三件事以特别的方式造就了思维的广度和能力，这属于理解力最突出的特征之一：

1. 思维能够毫无痛苦和困难地接受伟大而崇高的思想。

2. 思维能在公平论证的基础上自由地接受新鲜和奇怪的想法，而不感到强烈的惊讶和厌恶。

3. 思维能够在不混淆的情况下同时构思或研究许多思想，并从广泛的观点中得出一个真正的判断。

从这些方面来说，缺乏这些特点中任何一个的人都天赋有限。

让我们来对这个问题稍做思考吧。

足够广阔的思维能够随时随地、毫无困难地接受崇高的思想。凡是仅接触日常生活中平凡、微不足道且显而易见的事物的人，其心灵都已养成了一种狭隘的习惯，其思维无法得到充分的发挥去容纳博大而高尚的思想，他们已经使得日常生活和熟悉的事物形象成为衡量一切存在和可能的标准。

冲破局限，自由接受新想法

另一件关于思维的能力或广度的事，就是思维何时能够不带任何惊奇或厌恶，自由地接受新奇的想法和主张。有些人把自己局限在世袭的思想和观点中，除了家庭、教派或党派的要求，从不允许自己去研究或相信其他东西，他们的思维理所当然是狭隘的。让我们研究一下具有这种缺点的实例，然后直接解决它。

那些从小就在父亲的庇护中长大，或者从小就生活在小镇或村庄的人，当离开家几英里时，就会对看到的每个新景象感到惊奇。

要纠正这种狭隘的思想，就应该倾听和阅读世界不同地区的故事、过去的历史，以及那些与我们相距甚远的民族和国家的历史，特别是人类文明开化后的历史。

在这方面，没有什么比旅行更能开阔思维的了，比如到那些我们出生和受教育的地方之外的乡镇、城市或国家旅行。如果生活条件不允许我们去旅行，那么就必须努力以书本来弥补这种缺憾。

有些人一听到与自己认同的观点完全相异的说法时，由于思想的狭隘，第一反应就是厌恶。也许从幼年时期就被训练接受一套概念，使他们的思想局限于日常生活或知识世界的某一条轨迹上,所以他们听不进,也不了解其他的观点。

或者在他们看来,除了自己接受的观点,其他所有的概念都是虚伪、恶毒和没用的,因此批评、谴责它们。他们认为,对信仰领域或政治领域中其他派别的观点进行严厉的谴责是一种正义和真理。他们深深植根于自己一方的意见,无法耐心听取异议,也无法容忍为自己一方以外的任何一套原则辩护或者道歉。所有其他群体的原则都是废话、异端、蠢话或亵渎。

经常与持不同意见的人交谈能改善这种狭隘,而且自由的辩论也能提供更多关于某个观点的证据。如果我们是研究者,也应该阅读那些与自己秉持的原则不同的观点,并从多个视角审视自己的想法。

通过与不同派别的人自由交流,我们会发现其他人的优点:有的善良宽厚,有的见多识广,还有的坦率诚恳,他们可能属于不同派别,但是都会不断从实践中增长智慧。这样的交流将使一个未经磨砺的粗糙灵魂变得柔软,并增强我们的理解力和包容力,使自己从内心深处理解、接受他们。

清晰辨认并接受多种思想

理解能力还包括能够一次接触多种思想并深入考察它

们,最后给出精准判断。广阔的思维一次可以观察许多事物,将它们纳入视野之中,并呈现给心灵,对它们在各个方面进行比较。这有助于形成公正的判断,也能够从这种比较中得出正确的推论,甚至是一连串的论证。

<u>人类思想的狭隘是智慧和幸福的一大缺陷和障碍</u>。很少有人能同时思考或处理几件事,我们的能力非常有限,当专注于一门学科的一部分时,只能对其余的部分略知一二,或者完全不能理解。但如果能通过某个视角看懂各种各样的事物,这就是思维广阔的标志;或者他们能够同时接受许多真理,而不感到迷惑或彷徨。

这是获得丰富知识和良好判断力的必要条件,因为在我们工作、生活的各个场合,存在各种各样的情况、附加条件和关系,如果不能研究与某个主题相互关联的全部概念,往往有可能对主题做出错误的判断。正是由于这个原因,在学术界和非学术界,在各种事务中存在如此多的争议。

由于思想狭隘,我们在与人交往及需要谨慎处理的其他问题上都面临着同样的危险。在对事物的诸多考量中,我们应该考虑的不仅仅是行为本身,还要包括采取行为的人,接受行为的人,行为的时间、地点、方式、目的及必然或可能产生的影响,及其周围环境:我们必须将这些因素纳入考虑范围,以确定这种行为在特殊情况下是善的还是恶的,是否合法、得体。

让我举一个简单的例子来说明这个问题吧。马里奥（Mario）杀死了一条狗，这本身是一种稀松平常的行为。不过，狗是蒂蒙（Timon）的，而不是马里奥的，杀狗就成了非法的。但这是蒂蒙吩咐他做的，这再次使此事看起来合法了。杀狗是在教堂完成的，且当时正是礼拜时间，此事的出现，增加了一种不尊重宗教信仰的氛围。但这条狗冲向了马里奥，使他的生命受到威胁，这减轻了行为中的不虔诚。然而，马里奥可以选择狂奔逃脱，因此杀狗的行为似乎不合适。但众所周知这是条疯狗，这种情况使得杀狗几乎成了一种必须实施的行为，以免疯狗咬人的事情再次发生，并产生更多伤害。

再附加一个条件，马里奥用一把手枪打死了它，自从昨天旅行归来，这把手枪正好在口袋里。现在整个会众都感到了恐惧和不安，礼拜也因此中断：杀狗似乎是不得体和不正当的表现。

但如果我们考虑另一种情况，马里奥受到疯狗的猛烈攻击，没有办法逃脱，身边也没有其他武器，这似乎带走了所有不正当、不得体或非法的色彩；并且，保护一个或多个生命，将证明这一行为是明智和善良的。现在，应该对这一行动的所有附加情况进行研究，以便公正地进行解读。

在个人生活、国事、交通、民政、法院、学校等方面，人的行为在时间、地点、人和事上都有许多复杂的背景，任何人都不可能在不介入它们并对其进行广泛调查、比较和权衡的情况下，就能做出正确的判断。

借此机会，我想说有不少人在关于其他群体或区域的整体问题上采取行动，就公众事务大胆地发表自己的意见，决定国家行政机构、战争与和平等的行为是正义还是疯狂，睿智还是愚蠢，而对这些行为的衡量却超出了人力所能及的范围。他们没有能力了解行为发生的根本原因，也没有对具体情况的微小部分进行调查，而这种调查对于判断和谴责而言却是必不可少的。

正是我们的狭隘思想以及恶习，往往使人无法全面了解人类行为的所有复杂且共同作用的附加条件：那么，在大多数人中，就很少有正确的判断，也很少有正义、谨慎或体面，因此出现了无数愚蠢且非正义的谴责。你会看到，为了使我们聪明、博学、公正、谨慎或幸福，使思想变得开放、包容的方法是多么必不可少。

有些人天赋有限，很难把两三个命题联系起来加以分析，除非这些命题是可感知的，而且是从经验中学到的，这些命题完全不适合研究学习，对于他们来说，要在抽象层面辨明理性事物的本质是困难的。他们不应该将成为学者作为自己的目标，而应该致力于那些可以通过缓慢的学习和日常经验就可以掌握的艺术和职业。

另一些人思维更广阔，可以很好地理解几个命题的内在联系，但如果一连串的结果有点儿冗长，他们的思维就会在这里卡住并感到困惑。如果这种类型的人致力于科学，应该保证有强壮的身体，决心承担辛勤劳动带来的疲劳，并加以勤奋的学习。所罗门告诉我们：想让铁器变弯曲，就必须使更大的劲儿。

提高思维能力的方法

虽然天赋的限制会影响我们思维能力的提升，但根据我们的研究，即使是较为贫弱的思维能力，也可以通过勤奋和持续性的练习、遵守特定的规则而得到提高。

无论在何种情况下，都可以通过实践来获得耐心和细致的态度，获得深入思考某个主题的能力，从而可以从每一方面、在每一种情况下对其进行研究，然后了解其构成、性质、影响、关联因素。有些人的思想总是游移不定，不能长久持续地专注于某些想法，无法一次性将许多不同的物体研究清楚，并且肯定会因多样性而混淆。前一章中关于集中注意力的说法在这里也同样适用。

<u>应该习惯于对每一件事都有清晰的想法</u>。不要满足于对事物有一个模糊混乱的概念，尤其是那些能让自己获得清晰看法的事物：因为模糊或存疑的想法——尤其是这个想法在解决问题中非常重要的时候，一旦与许多清晰的想法掺杂在一起，就有导致个人对每个想法都产生怀疑的危险，并且会产生消极影响，从而降低理解力，扭曲判断力。一点儿黑漆就会破坏所有鲜亮的颜色。

进而言之，如果你仅仅满足于文字而非想法，或仅仅满足于事物模糊和混乱的概念，那么将难以穿透未知，并且当这些模糊混乱的想法被摆在灵魂面前的时候，那些必须被理解的混乱将是多么巨大和无止境，对它们形成一个清晰而公正的判断将变成不可能的事情。

尽一切努力去获得和储藏大量的思想和观念：抓住每个机会增加知识储备，通过反复回忆将它们牢牢记住。经常回顾是确认和扩充记忆最好的方式。之后，存储着各种痕迹、信息和图像的大脑将会有充足、珍贵的储备，思维在任何特定的主题中指导实践时，都能够随时利用这些储备。这将逐渐赋予大脑一种同时审视诸多事物的能力，就像一个装饰华丽、挂满各种图片的房间里的各种物件会同时吸引你的注意力，尤其是在它们被逐一审视之后，更是如此：这使得居住者更加习惯或更容易通过随便扫一眼就能接受那些色彩斑斓的景象。

需要注意的是，所谓获得丰富的思想宝藏，指的不仅是单一的思想，还包括命题、观察和经验，包括多种自然和道德、世俗和宗教事务主题下的推理和论证。当有人让你去判断任何问题时，会有一些有用的原则随时准备指导你的判断。

我们必须尽可能地按照正常的顺序积累日常新思想，并将思维的收获排列在合适的类别中，无论是列入宗教、法律、物理、数学、道德、政治、贸易、家庭生活、礼貌、精神等，还是列入因果关系、物质、模式、权力、财产、身体、精神等，都应该注意方法和顺序。

一旦接受任何新的想法、事件和观察，都应该将它们放在适当的位置，看看它们如何支持同一主题的其他观念：正如一位学者会将一本新书妥帖地摆放在书架上同类别的书籍中间；或者像伦敦邮政局的工作人员将收到的每一封信放在相应的街道的箱子里一样。

如果事情都堆积在一起，任何添加新对象的行为都会增加混淆的可能性，但是适当的方法能够轻松快捷地对它们进行快速简短的研究。适当的方法很有用，可以保持想法不被混淆，并为每次使用做好准备。

因为适当的方法对改善思维是必要的，为了使思想宝藏发挥最大的作用，所以在对真理的逐步追求和对理性知识的不断获取中，都要遵循一种循序渐进的方法。从最简单、明了的想法开始，然后逐渐加入两个、三个，乃至更多的想法，以此观察逐渐变得复杂的想法，从而避免思维一次性接受诸多想法而不对原始的想法加以观察，从而产生混乱。

数学研究中有一些明显的例子。一个学生刚开始学习四则运算时，如果老师一开始就教他一个算式中同时包含减法和除法的混合运算，便会扰乱他的思维。但如果循序渐进地从加法开始学习，然后学习减法和乘法，那么几周后他就能顺利地进行除法运算。

从A，B，C开始，由字母组成音节，由音节组成单词，这是这些荣耀的艺术和科学上层建筑的基础，这些结构在几个世纪中丰富了学术世界的思想和图书馆。它是人类丰富而博大的思想获得巨大知识量的第一步；反过来，它又会成为所在民族的奇迹和荣耀。

虽然柏拉图（Plato）和西塞罗（Cicero）、笛卡尔（Descartes）和波义耳（Boyle）、洛克和艾萨克·牛顿（Isaac Newton）无疑都得到了上天的眷顾，具有非同寻常的天才，然而，在他们早年进行第一次科学的尝试时所掌握的知识与最后获得的知识相比，却是非常有限、狭隘的。但是，通过耐心的关注和细致的观察，通过追求清晰的想法和循序渐进的思维方式，他们获得的力量是多么强大啊。

另一种提升思维广度和能力的方法是通览任何一门学科中各种复杂的问题以及这些问题的解决方案。思辨和诡辩的尽善尽美将会为我们提供大量这样的例子和争议热点。

在道德和政治问题上，塞缪尔·普芬道夫（Samuel Pufendorf）的《论自然法和万民法》（*Law of Nature and Nations*）以及其中的若干法则，将对思维的扩展有益处。为达到这一目的，参加公开审判和在民事法院进行辩论将是有益的。如果一个人通过阅读合适的书籍和睿智、具有判断力的人收集的判决案例报告，研究自然法律和英国法律的一般原则，他将会在改善思维和扩展思想方面得到极大的提升，如果这个人的职业是法律类的，就更是如此了。

第 13 章　提高记忆力

记忆是人类思维的一种独特能力，它与知觉、判断、推理及其他思维能力截然不同。记忆也是一种天生的能力，它能让我们记住所学到的东西，并在任何情况下都能回忆起来。

因此，无论是通过感觉、想象、思考，还是通过反思，如果先前没有相应的思考或知觉，就不能说记住了一样东西，无论它是想法还是命题，是言语还是事物，是概念还是论据。但是，无论我们从观察、书本或谈话中学到什么，如果我们想让它真正有用，就必须将它储存在记忆中。

人的记忆是如此的必要和卓越，以至于心灵的所有其他能力都要借助它的力量才能变得美丽和完美。如果没有好的记忆力，心灵的其他能力几乎就是摆设。如果不能使用记忆保存我们学习的知识和智慧，那么在知识和智力方面所付出的努力又有什么用呢？如果所有其他智力和精神上的进步刚刚获得便失去了，那又有什么用呢？只有通过记忆保存劳动和日常工作中所收集的东西，才能不断丰富我们的头脑。

总之，没有记忆，就没有知识，没有艺术，没有科学；没有记忆的帮助和影响，人类的美德、道德或宗教事务不会得到任何改善。如果没有记忆，人的灵魂只会是可怜、贫乏、赤裸的存在，除了此刻稍纵即逝的念头，灵魂永远一片空白。

良好的记忆力使人获益

记忆力对说话和学习都很重要，对老师、演说者及学者、听众都能提供很大的帮助。如果听众很快忘记了最好的演讲和指导，那么这些演讲和指导几乎等同于不存在。在公共场合讲话的演讲者，不能照本宣科，不能只会念稿子，如果他们能够通过活泼的天赋和良好的记忆力帮助自己完成演讲，那么听众就能够更好地听取和接受他讲述的内容。

记忆赋予所有的演讲内容以生命和精神，并且让其带有一种自然而然的倾向，可以在听众的思想中产生更深刻的印象。记忆唤醒了沉闷的灵魂，使这些灵魂能以更丰富的感情接受那些话语，并为演讲者和演讲增添一种独特的优雅和优势。

良好的判断力和记忆力是两种截然不同的因素。一个人可能有极强、持久的记忆力,但他的判断力可能很差;有些时候,有种情况会发生在那些距离傻瓜只有一步之遥的人身上,他们表现出了惊人的能力和记忆力,但却很难用聪明而愉快的方式将两三个观点融合或分解,从而形成一个坚实的理性命题。而有些人的记忆力一般,但判断力非常优秀。

然而,必须承认的是,只要一个人拥有优秀的记忆力,就有明智而公正的基础来判断事物,无论他的头脑是否足够聪明和睿智,可以正确地利用它。在某种程度上,良好的判断必然总是依赖于对头脑中若干事物的考察和比较,并通过考察和比较来确定某些存疑命题的真实性。

当把形成真正判断命题所必需的对象都摆在记忆中时,思维便能决定哪种思想应该融合或分解,需要被肯定或否定;这就保持了互相之间有关联或属于同一主题所有其他思想和主张的一致性和对应性。如果没有一定程度的记忆,就不可能对许多事物进行全面的调查研究;通过回顾过去,我们学会判断未来。有时因为一个重要目标或想法的缺失,就会对所研究的事物形成错误的判断。

你可能会问,为什么会有这样一种情况:有些人既没有非常聪明或睿智的思想,也没有非常强大的记忆力,按理说他们不能很快在脑海中构思一个宏大的场景,从而做出判断;但是他们在商界或学习中都有良好的判断力,并且已经拥有了审慎和聪明的品质。

现在，我们可以从《沉思者》（Pensoroso）中学习有关这一问题的论述。你会发现一个人几乎无法迅速地判断和确定所遇到的事情；他总是需要时间、延迟、暂停、成熟地思考所有事情，然后才会做出判断，然后他会进行缓慢的思考，反思这件事，因此可能会在两三个日夜中，能够得到或唤醒一些想法，这些想法对于判断所提议事物的正确性以及连续判断这些事物非常有必要，这样他就可以缓解对快速思考、活跃的记忆力以及迅速回忆的渴望；这种谨慎和实践奠定了公正判断和明智行为的基础。他在评判之前进行了良好的研究。

从那时起，我就能够借此机会从天赋异禀和平庸的人，以及思维广阔和思维狭隘的人身上推断出一条良好的原则，即如果一件事情并非事态紧急，需要立即行动，那么他们并不会匆忙说出对有关问题的质疑。聪明的天才如果不想在言语、行为或即将做出的判断中犯下大错，便需要时时警醒自己，并谨言慎行。正是通过这种延迟和预防，许多天生能力低得多的人往往会在智慧和审慎方面胜过最聪明的天才。

人们经常发现，一些优秀的天才记忆力并不优秀；因为他们天资聪颖，想象力生动，记忆的作用可能会受到忽视并不再进步。一个人如果有活跃的想象力，就容易关注许多事物，并不断为发现新的概念而感到愉悦；这些想象愉快地掠过了许多新的情景或篇章，但是如果这些事物没有得到适当的注意，它们就无法在大脑中留下深刻的印象，更不要说长久地储存在记忆中了。

这是一个很明显的原因，即为什么有些人非常聪明且拥有活跃的思维，记忆的范围却很狭窄，记忆的时间也不长：他们的思维非常活跃，但他们不急切地渴求从记忆中获取知识。

这样一种迅速而又千变万化的想象和能力可能会对注意力和记忆力造成某种障碍；同样，记忆力强的头脑，如果不断地学习和阅读某些知识，就会使记忆变得拥挤不堪，这可能会阻止、抑制或束缚记忆本身。

利多里德斯（Lidorides）的记忆总是随时随地准备从别人的著作或谈话中汲取一些东西，并不断地借鉴别人的思想；因此，如果一个人拥有自然流畅的天赋，便不会费力去追求自己的思想。有些人天生睿智，也没有遗传的缺陷，但他们常常把自己束缚在对所读书籍的记忆和书中所载的他人的情感中，从而阻止自己练习这种才能。

记忆几乎不断地拼凑新的收获，但是如果一个人没有足够的判断力来区分哪些东西适合珍藏在记忆中，哪些东西是闲置、无用的，他的头脑中就会充斥着一堆话语或想法的大杂烩，他的心灵看似拥有大量的财富，却没有真正的财富。

我在弥尔顿先生的作品中读过一个非常美丽的比喻："往日的光阴用它巨大的网，顺着时代的潮流，向我们传送下来的，无论是贝类、珠宝、卵石、树枝、稻草、海藻，还是泥土，都是古代的东西。"大多数人的记忆财富情况与此大致类似。有用的东西与许多琐事、各种各样的垃圾混杂在一起，填满了记忆，构成了智力财富。因此，能正确地辨别事物，只在记忆中留下真正有价值的东西，以及值得作为财富的那部分知识是一种巨大的幸福。

一些智慧且博学的人会通过推理，或者在阅读过程中仔细的积累，在生活中形成有价值又令人钦佩的观念。可惜由于他们缺乏更强大、更持久的记忆力，他们的这些观念大部分消失了。一位年轻的法律从业者曾与一位伟大律师梅纳德（Maynard）辩论，据说梅纳德曾说："唉！年轻人，我忘记的法律条文比你学习或读过的还要多。"

如果一个有判断力、追求知识的人，能够把所有优秀的观点铭刻在记忆中，永不磨灭，那将是一种难以言传的幸福。如果在阅读优秀作品的同时，以相同的速度和天赋把其中每一段宝贵的文字和每一个有价值的观点铭刻在脑子里，那就太好了。

如果一个人拥有出众的天赋，能够同时记住众多聪明、绝妙的想法，并能通过这些想法对当前的对象和事件做出公正的评价，那是多么令人钦佩啊！倘若他能通过一次调查就能掌握所有内容，恰如一位画家用慧眼掠过出自像提香或者拉斐尔这样的人物之手的一幅美好而复杂的作品，就能立刻看懂整个场景，从而使自己得到极大的满足，这将会是一件多么让他感到愉快的事啊！

"虽然记忆是人类天生的能力，是一种非物质性的特质——尽管思维本身就是非物质性的——是一种施加于事实之上的规则，然而它必须通过大脑来实现其活动。虽然记忆不是物质，但它是通过物质起作用的，记忆的运作在物质上受到它的主要器官——大脑状况的影响。通过神经系统，大脑能够获得外部世界的知识。记忆接受对事实和事件的印象，并将它们储存起来，它也成为一个持久的容器，存放从沉思和反思中获得的思想和结论。"

影响记忆力的因素

早期的大脑不成熟，无法进行强有力的精神活动，而随后留在记忆中的图像主要是对事实和事件的印象。记忆力从婴儿时期就开始增长,人们通过适当的锻炼可以大大增强记忆力,但是懒惰也会损害记忆力。

提高记忆力需要培养注意力集中的习惯,或者对任何当前直接追求的对象保持全神贯注的习惯。浅层次的印象很快就会被遗忘,但是任何通过集中注意力在头脑中留下印象的东西,都会不可磨灭地铭刻在记忆中,变得同思维本身一样持久。

许多上年纪的人时常会讲述幼年时期的长篇故事,他们对这些故事记忆深刻,在很长一段时间内都记得具体的细节。

记忆力会或多或少地受到身体疾病的影响,主要会受到头部受伤、大脑感染、发烧和极度衰弱等疾病的影响。有许多病例都记录过一些情形:由于疾病的影响,有些人回忆起了长期被遗忘的事物;也有一些人忘记了所有关于其他人和事物的知识。

一个人出生在法国,但大部分时间都在英国度过,完全丧失了讲法语的能力,后来他头部受伤,在受伤的这段时间里,他总是用法语说话。另一个人,在头部受伤康复过程中讲起了威尔士语,威尔士语是他童年时期学习的,后来完全忘记了。而另一个人在严重疾病期间完全丧失了智力。在他康复之后的几个星期里什么都不记得，什么都不懂。但在两三个月后，他逐渐恢复了记忆力和其他能力。

深深铭刻在思维中的印象永远不会消失，但是有时候会丧失唤醒这些印象的能力，除非疾病或其他原因恢复了这种力量。大脑的状态能够极大地帮助或损害思维的能力。

大脑是思维的工具，任何能让大脑健康有力的东西都有助于保存记忆；但是，过量饮酒、过度学习和沉溺于生活享受的事物，都可能由于使大脑过度紧张或削弱而损害记忆。

良好记忆力的判断标准

良好的记忆能随时轻松接受和认可各种文字及其他形式的思想。

良好的记忆容量大，能够储藏各种各样的思想。

良好的记忆坚强且持久，能够在相当长的一段时间内记住那些学习过的话语或想法。

良好的记忆能使我们在每一个适当的场合都忠实且积极地启发和回忆所有值得注意的或储藏在记忆中的话语或思想。

这些标准中的每一项都可能使记忆受到损害或者得到改善；然而，我不会明确地坚持这些细节，而只是从总体上提出一些规则或指引，使这种宝贵的记忆能力得以提升。

有一个非常有益、普适的方法适合改善记忆力和其他能力，那就是始终保持适当和适量的锻炼。经常性的行为会使人养成一种习惯，从而使某种能力得到加强，进而更好地发挥作用。我们知道，肢体如果能够得到良好且适当的锻炼，就会变得更加强壮。米洛能扛起一头牛犊，每天将其背在肩膀上；随着小牛成长，他的力量也随之增长；最终，他能够扛起一头成年的公牛。

我们的记忆力从童年开始就不断地接受锻炼，并根据其受到的锻炼被慢慢塑造成型，如果我们从来不使用记忆力，那么记忆力几乎会消失。那些仅仅惯于交谈很少几件事的人，只会记住很少的几件事；那些习惯于只是短时间记住一件事情的人，过了这个时间段，关于这件事的印象在头脑中就会消失。记词语，也记一些其他的事情，可以获得一种复现和重述的能力，并在任何场合都能更好地表达思想。

然而，以下情况应该谨慎：儿童或体弱者的记忆负担不应过重。肢体或关节因负荷过重而导致过度使用，其天生的力量可能永远无法恢复。教师应该明智地判断青少年的能力和体质，施加给他们的记忆训练量应该比他们能够轻松接受的量稍多一些。

学习者不应该过度使用记忆力，如在极短的时间内记住大量不相关的东西，这会让大脑过度紧张和疲劳，导致为了记住后面的内容而把之前费劲儿记住的东西都忘掉，进而什么也没记住。欲速则不达。适度节制地使用记忆力，是改善它的一般规则。

如何提高记忆力

想要提高记忆力，集中注意力和勤奋是必需的条件。如果注意力完全集中在特定主题上，所有与之相关的内容都会在头脑中留下更深刻的印象。

有一些人抱怨自己记不住东西，事实上他们的注意力有一半的时间处于游离状态，或对所要记忆的东西持一种冷淡、漠不关心的态度，这就难怪他们所要记忆的东西只能在头脑中留下浅显的印象，没有坚实地扎根，很快便消失了。

因此，如果我们想要牢固地记住读到或听到的东西，就需要快乐地投入这些主题，并利用前面提到的其他方法来集中注意力。闲散、懒惰和好逸恶劳不会为头脑带来任何知识财富，就像一个人如果不会用双手创造财富，不会用田地种植谷物，就不会使你的钱袋饱满一样。

还需补充的是，懒惰和疏忽不仅无法使人获取适当的知识，还会磨灭人们思想的积极性。反复无常的人，仅仅会浏览一遍表面现象，而头脑中什么也留不住。瓦里奥（Wario）会花整整一个上午的时间翻看那些闲散的书页，带着新鲜的好奇心，不时浏览那些能使他产生想象的新词语和新思想。他在无数的艺术和科学作品中遨游，获得的知识却很少。我们必须努力且勤奋地密切注意特定的主题，这能使读到或想到的东西留下深刻印象。

充分理解想要记住的东西

我们必须对记忆中的事物有清晰而鲜明的理解，才能将其牢牢记住。想要记住词语、人名或事物的名称，就应该通过清晰、鲜明的发音，准确的书写把它们储存在记忆中。如果我们要记住事物、概念、命题或者科学原理，首先应该对它们有清晰、鲜明的认识。微弱而杂乱的思想会像黄昏中的景象一样转瞬即逝。我们应该将学到的一切用清楚的语言没有任何歧义地进行理解，这样就不会在记忆的时候出错。这是一个普遍规则，无论是否会使用关于单词或事物的记忆。我们必须承认单纯的声音和词语比有关联性的知识和真实图像更难记住。

因此，请注意不要用语言代替事物，不要仅仅用声音代替真正的观点和思想。许多孩子忘记了老师教给他的东西，仅仅是因为他从来没有很好地理解它们。

<u>充分了解事物运行的方法和规律，对于想要将它们牢牢记住的尝试来说十分有帮助</u>。尽管系统性的学习在这个时代受到一些虚荣又异想天开之人的谴责，但它无疑是为头脑提供各种知识的最令人愉快的方式。

无论你向头脑传递什么知识，都要以适当的方法处理，将其很好地联系在一起，并将其清楚地归到不同或特殊的类别之下。

如果药剂师的学徒根据药物的不同性质，是草药还是矿物质，是叶子还是根，是化学制剂还是植物制剂，是简单药物还是复合药物，或者按照药物的性质、流动性或成分等按照一定顺序放置在小药瓶、瓶子、陶罐、盒子、抽屉等容器中时，就能更快地学习店里的所有药物。

同样，如果想要记住一份家谱，以曾祖父作为根，并区分主干、支干、稍小的分枝、细枝和芽，直到现在家里的婴儿，用这种方式更容易将家谱记下来。事实上，所有以这种方式教授的艺术和科学都能被学习者更加愉快地保存在思想或记忆中。

重复，有规律地重复

经常回顾，仔细重复需要学习的东西，并为此对其进行精简，这对牢记有很大的影响：因此教师经常要求学生对语法规则、词语的衍变，以及不同语言中特有的语言形式进行重复记忆；而且这些东西还被制成表格，以便经常回顾。一开始头脑没有记住的东西，可以通过经常性的研究和联系留在记忆中。

重复是一种非常有用的练习。从小到老，门农（Memnon）读过的每一本书都在边缘有一些点、破折号或对勾的标记，以标明书中的哪些部分适合再次翻看。当他读到一节或一章结束时，总是合上书，回忆所标记的所有观点和表达，这样就可以在阅读完成之后，对所读过的每一篇论文进行简单的分析和摘要。因此他的知识储备非常丰富。

即使是在听讲座，也可以不时地回顾从开始到现在听到的内容，在讲座结束之前进行两到三次回顾为宜。

如果我们想记住演讲，就将其抽象成简短的概要，并经常复习。律师需要这样的帮助：为了辩护，他们写下简短的提示，把需要记住的要点写下来，这样的摘要能够在更短的时间内被回顾起来，也能够更容易地在适当的地方回忆起需要扩充的观点和句子。

简写的艺术在许多方面都有很好的用途。必须承认，那些几乎从不动手写下自己即将说什么或学什么的简要笔记和提示的人，也有，但数量极少，因为那需要极高的天赋。

如果可以，在得到某些思想上的收获后，不要立即投身于其他的工作、学习或消遣，花一些时间回忆一下之前的收获，这样，它们就不会被脑海中其他事件的洪流冲走，也不会被埋没在纠缠不休的事情中。

抓住适当的机会第一时间与同伴谈论你所阅读的内容，这是一种最有用的回顾或重复方式。这种方法更应该推荐给年轻的朋友，以便与他们沟通时增加自己的知识。你的口、耳和智力等本能会同时帮助你记忆。

赫米塔斯（Hermetas）在某个偏僻角落里努力学习，后来成了一个非常有学问的人。他很少在家里享受舒适的社交生活，总是在晚上谈论当天阅读的内容，并发现这种做法有相当大的优势，还将它推荐给了所有的朋友，因为他已经将这种实验进行了17年。

感兴趣的东西更容易被记住

如果所学的东西能让你感到高兴和愉悦，那么记住它们就会更容易。因此，无论我们希望孩子记住什么，尽可能让孩子愉快地接受它；努力发现他的天赋和秉性，尽可能地适合他的天性，让他乐于接受你的指导或你为他指定的课程。

将道德教育塑造成像《伊索寓言》那样的小说或寓言的形式，或者将其披上寓言的外壳，会使人们乐于接受。年轻的斯佩克托利乌斯（Spectorius）看了人类生活中各种美好品质的例子，通过这些例子来学习美德；他被指派每天重复一些关于瓦勒里乌斯·马克西姆斯（Valerius Maximus）的故事。这孩子很早就被教导要以同样的方式避免青年时期常见的罪恶和愚蠢。

这种方法与斯巴达人（Lacedaemonians）训练孩子不能酗酒和放纵的方法相似，即把一个醉汉带到同伴中，让他们看看这个醉汉把自己变成了什么样的野兽。这种看得见摸得着的形式会在记忆中留下长久的印象。

可以教孩子以运动和游戏的方式记住许多事物。一些小孩子通过将一些词汇粘贴或写在许多便签或模型上，学习了字母和音节，以及单词的发音和拼写。有些人已经学过不同语言的词汇，在这些便签的一面用一种语言写着一个单词，另一面用另一种语言写同一个单词。

对儿童在几何、地理和天文学方面的指导，还可以设计出许多类似的有趣且引人入胜的方法，它们会给人们的思想带来最令人愉快和持久的印象。

语言形式会影响记忆

如果将有用的东西写成诗歌，那么对记忆它们可能会有比较大的帮助。不同语言的诗歌中的数字、方法和押韵，对人类有相当大的影响，使他们更容易接受需要观察的事物，并能在记忆中保存更长时间。人类生活中的日常事务，有很多是在早年通过韵律学习过，像钉子一样固定在一个地方，并且通过日常使用变得牢固。

每个月的天数就通过以下四行句子牢牢刻在人们的记忆中：

一三五七八十腊，
三十一天永不差；
二月只到二十八，
其余都是三十呀。

《经院医学》(Schola Salernitana)这本书提出了许多健康规律,并指出很大一部分人无疑由于傍晚贪食导致了许多痛苦和疾病,其中两句是:

要想夜晚安逸,
就要晚餐清淡。
不然你就抱怨,
腹中疼痛难耐。

不同语言中都有无数众所周知的韵律或诗句,通过这种方式,男女老幼都能记住这些句子。

正是基于这一原则,古代道德箴言已经变成诗意的模式。因此,希腊语中毕达哥拉斯(Pythagoras)的黄金诗句、卡托(Cato)用拉丁语写成的(诗的)对句《论道德》(De Moribus),利利(Lilly)写给学者们的箴言,都获得了很大的成功。诸如这样的一两行诗句经常出现在记忆中,可以保护青少年免受恶习和愚蠢的诱惑,并使他们牢记现在的责任。

通过这种词语间的联系,以及与之相关的具体时间、地点、周围的人等情况,可以更好地将新想法刻在记忆中。如果要回想起一个已经遗忘的想法,那么回忆有关这个想法出现的时间、地点等情况是很有帮助的。

通过回忆当时的情景,我们能够多次回忆起某种事物:我们能够通过记住一个人的衣服、体型、身材、官职或工作来想起一个人,也可以通过鸟或鱼的颜色、形象、动作、被关的笼子、庭院或蓄水池来回忆它们。

在这个问题上,也可以推断我们对名称或事物的记忆可能来自与我们已知事物的关联性——它们在名称、性质、形式、故事或从属于它们的任何元素方面的相似之处。一个已经遗忘的想法或单词,通常会通过联系其他与之最相似的词或想法,以及字母、音节或属性来恢复。

如果记得奥维德(Ovid)[1],我们心中可能会浮现一个大鼻子的人;如果想起柏拉图,可能会想起一个肩膀很宽的人;如果我们想起克利西波斯(Chrysippus)[2],可以想象一个卷发的人;等等。

有时考虑一个想法时,一个与之相反的新的或奇怪的想

---

[1] 奥维德(前43—17),古罗马最具影响力的诗人之一,与维吉尔、贺拉斯并称"古罗马三大诗人"。——译者注
[2] 克利西波斯(前280—前207),古希腊哲学家,斯多葛学派的集大成者。——译者注

法可能会因此固定在记忆中。所以，如果想不起巨人歌利亚（Goliath）这个词，那么对大卫（David）的记忆可能会帮助我们想起来①，或者可以通过希腊人来记起特洛伊木马等。

如实、清晰地写下想要记住的内容，将它分成几个句子，每句开头都使用大写字母，这样就可以更容易地将它们印在我们的脑海中，并且看一眼就能回忆起来。与其他任何方法相比，这种方法都能更好地将思想传达到头脑中。我们看到的东西不会像仅仅听到的东西一样被快速遗忘。

马车的声音转瞬会消失不见，
但那些看见的东西会在脑海中长存，
忠实的视觉用可见的图像将知识刻在了我们的脑海中。

为了帮助记忆力不佳的人，每个页面每句的第一个字母或单词可以用不同的颜色书写，比如黄色、绿色、红色、黑色等，如果在接下来的句子中遵循相同的规律就更好了。这种方式能够给人留下更深刻的印象，对记忆会有很大的帮助。

这个方法让我们注意到，通过将学习的对象引入分布图和表格中对记忆有益处，数学和自然哲学的问题不仅需要理

---

① 源自《圣经》中，巨人歌利亚被男孩大卫用石子射杀。

解，而且需要通过数字和图表保存在记忆中。

如果想要更好地了解世界各地的情况，花费一天时间观察地图和航海图远比单纯阅读一百遍地理书籍中对各地情况的描述效果要好。要记忆天文学中的星座及其在天空中的位置，将这些星体仔细描绘下来会更容易办到。通过制作这样的数字和表格，对我们最终记住它们有很大的帮助。

在这里补充一下，书写一遍要记住的内容，对所写的内容给予适当的关注，比仅仅阅读几遍记得更加牢固。同样，如果有一张平面图，上面只有投影在子午线上的经线和纬线，学习者可以通过模仿在上面绘制世界所有地区的图形，这比花费数天研究完整的世界地图能够更快地帮助他提高地理知识。天空中星座的记法与此相似，学习者如果在地球赤道平面的圆形投影上绘制星座，会受益良多。

有时候为了记住名字或者某些句子，人们会选择需要记住的句子中每个单词的首字母或者名字的首字母，用它们创造新词。因此，马加比家族[①]的名字就是借用了希伯来语中的首字母，这些字母组成了Mi Camoka Bealim Jehovah这句话，也就是"诸神中谁像你？"，此话被写在了他们的标语上。

光谱颜色序列记忆法（Vibgyor）这个词教会我们要

---

① 公元前1世纪统治巴勒斯坦的犹太祭司家族。

记住七种原始颜色的顺序,即由于光线不同的可折射性,它们通过棱镜投射在白纸上的颜色,或者彩虹的颜色,即紫罗兰色(violet)、靛蓝色(indigo)、蓝色(blue)、绿色(green)、黄色(yellow)、橙色(orange)和红色(red)。

这里稍微提一下其他有助于提升记忆力的技巧。

格雷(Grey)博士在著作《记忆术》(*Memoria Technica*)中,将一些辅音b、d、t、f、l、y、p、k、n,一些元音a、e、i、o、u和几个双元音与数字1、2、3、4、5、6、7、8、9交换,从而形成了表示数字的单词,这些单词可能更容易被记住。

而路威(Lowe)先生则改进了名为《记忆符解密》(*Mnemonics Delineated*)的小册子中的方案。他几乎在七片叶子中包含了科学和普通生活中无数的东西,并将其简化为像拉丁诗歌一样的方式;尽管有人认为这些词非常不合规范,因为这种元音和辅音的混合使单词非常不和谐。

但毕竟,与这个主题的相关作家已经承认,提升记忆的技巧不够灵活,并非适合每个人。它们对于发表演讲没有任何用处,对于学习科学也没有多大作用,但它们有时可以用来帮助我们记住某些句子、数字和名字。

第 14 章　如何做决策

每遇到一个问题，便要考虑这个问题是否有解。在当前情况下，它是否在你的研究和知识范围之内。在无解的问题上忙忙碌碌是浪费大好光阴。

动手解决问题之前必要的考虑

考虑一下这件事是否值得你投入精力，然后根据年龄、地位、能力、职业、主要计划和目的，考虑目前它在多大程度上值得你去努力。对于一个人来说，有许多值得探究的事情，对于另一个人来说并非如此；对于同一个人来说，有些事情在生活的某个阶段可能值得研究，而在其他阶段来说则并不值得这样做。比如，对于一个理工科学生来说，阅读学科内最前沿的东西，在他学术研究的最后阶段很恰当，但在刚开始的时候并不合适，因为有很多概念与名词他甚至都没有听说过。进行数学研究在很大程度上可能对哲学教授非常有益，但对于伦理学教授来说就不同了。

考虑问题的难易程度，要看你是否有足够的基础、能力、技巧和优势解决它。一个年轻的雕刻师如果想雕刻维纳斯或墨丘利的雕像，却没有适当的工具，那么有这种想法就显得太疯狂了。如果没有经过适当的实验，一个人假装在自然哲学上有了重大的发现，这种行为就相当愚蠢了。

在解决一个问题之前，先考虑一下行动的价值。经常问自己这些问题：为什么要解决它？会有什么样的结果？是为了人类的利益、自己的利益、消除任何自然或道德的罪恶，还是为了获得名声？最后得到的结果是否配得上付出的劳动？对这些因素的透彻考虑会使人远离虚荣的娱乐并节省很多时间。

考虑一下怎样做才能使你变得更聪明、更出色、更博学。那些在人类行动中倾向于智慧和谨慎的做法，比仅仅通过猜测来提高我们知识调查的水准更重要、更可取。

使问题有所突破的几种方法

如果问题看起来非常值得去解决，并且你有研究它的必要条件，那么请考虑它是否被修饰过，是否用了更冗余的话来形容，以及它包含的想法是否比实际上更复杂。如果是这样,尽力将它简化为更简单和朴素的形式,这将使研究和论证的过程更加容易和简洁。

如果叙述这个问题的形式模糊或不规范,可以通过改变短语或调整其中各个部分的位置来改善。但要小心,在陈述一个新问题的过程中始终要注意研究的重点。所有公正的辩论者和追求真理的诚实的探索者都应该抛弃那些完全改变问题性质的言语,因为这是诡辩的小把戏和欺骗。

提出一个清楚而公正的问题,往往对回答这个问题很有意义。知识真正重要的部分在于对事物的独特感知,而这些事物本身就是独特的;有些人通过清晰、公正的阐述就能给出更多灵感,其效果超过其他人含糊不清地谈论几个小时。陈述一个问题,只是将它的各个部分,以及与它无关的所有部分隔离,然后按适当的顺序和方法将被分离的部分放在适当的位置上。这样,通常不费吹灰之力就完全解决了疑问,并且在没有争议的情况下,向人们展示了真相。

然而,只确定一个命题的真实性还不够,最重要的是让它得到普遍的认可,甚至需要将它提升至公理或第一原则的地位。

一个命题被部分人否定、怀疑,还不足以让它被否定,因为有些人轻信,有些人则一直抱持着不合理的怀疑态度。

通过问题追寻真理,如果想要诚实地了解事实,就应该对问题的任何一方保持疏离，偏向哪一方的欲望或喜好都会使人歪曲判断。

大多数情况下，人们有自己的观点，并且从不质疑家庭、党派或国家宣称的真相。人们像穿衣服一样给思想套上外套，追求时尚潮流，检验过这些真相的人不到百分之一。然而如果去检验真相，就会被指控有叛离的倾向。

人们常会因为坚持自己的见解而受到批评，正如洛克先生所说，考虑和钻研事物原因的人都被看作正统思想的敌人，因为这些人可能会偏离广为世人接受的常规。因此，那些自己不勤奋或没有成就的人（因为懒惰）会继承局部的真理，即居住之地的真理，并习惯在没有证据的情况下予以赞同。

这会产生长久的不良影响。如果一个人在没有检验一项主张证据的情况下就做出积极而坚决的判断，对更重要的情况他会自然而然地采取这种简单快捷的判断方式，并将所有观点建立在并不充分的理性上。

全面检验的重要性

在对一个问题做出决策时，尤其当它很重要和困难时，不要只进行部分的检验，而是把思想转向各个方面，收集所有可以解决问题的方法。在完全确定之前，花一些时间并寻求所有能得到的帮助，除非必须立即采取行动。

只着眼于某一方面而未从全局考虑时，你的检验是不完整的。比如可能会只看到它的某一方面，而全然不考虑其他方面；也可能只考虑它的优点，却忽略了与它对立的原则，也不调查它的劣势等。

如果问题的真实性取决于别人的口供或见证，那么若只问一个人或几个人，而没有其他人的证词，检验就是片面的了。你可能会只问那些没有亲眼见过、亲耳听过的人，反而忽略亲眼见过、亲耳听过的人；你可能会只满足于泛泛而谈，而不谈具体的细节；或者有许多人否认事实，而你不关心他们否认事实的缘由，只相信那些持肯定意见的人。

对任何问题的片面考察都存在一个错误，当你决定只凭自然的理性来决定一个问题，而不与其他部分做比较时，其他部分便不可能带给你更多的启发，从而更好地帮助你解决问题。

这些都是考虑不完全的例子：我们永远不应该用一两方面来决定问题，而应该进行全面的考察。

要避免个人的习以为常、偏好影响自己对事物的检验标准。在一种观念没有得到全面的验证、准确的调整和充分的证实之前，不要以这种观念或学说为基础形成太多想法。有些人沉溺于这种做法，导致了一连串的错误。

注意摆脱经验的束缚

出于同样原因，要注意避免突然决定任何一个问题。在你早期的判断中，要注意错误的变化，尽可能防止偏见出现，这些偏见会影响理解力，尤其在年轻的时候要注意这点。相信一个愚蠢的观点或传说，会使思想接受许多此类愚蠢的观点。

古罗马人被教导：自己国家的缔造者罗慕路斯（Romulus）和雷穆斯（Remus）在森林中生活，被一只母狼喂养长大。这个故事使他们能够接受类似的神话，而庞培·特罗古斯（Pompeius Tragus）强化了这种信念。在罗慕路斯和雷穆斯传说的基础上，又有了一位古代西班牙国王是由一只鹿喂养长大的传说。

正是受到同样的影响，他们学会了把希望和恐惧交由预兆和预言来决定。他们相信当罗慕路斯寻找在哪里建造罗马城时，十二只秃鹫出现在他面前，而这预示着他们帝国的伟大和罗马缔造者的荣耀。他们欣然接受了以后所有的传说、预兆和预言，这些传说为李维（Livy）提供了丰富的历史知识。

因此，孩子一旦被教导相信某一事件是或好或坏的预兆，或者某一天是幸运的或不幸的，这些行为便会对他形成正确的理解力产生巨大的干扰。他会对所有愚蠢的印象和无聊的故事持开放态度，并且贪婪地吸收更多愚蠢的故事。如果想熟悉真理和智慧，他就必须忘记这些东西。

对于那些本身不够明显，或者没有得到充分、彻底检验和证明的事情，他们怀着兴趣和宗教般的热情。因为这种热情无论对错，一旦投入就会产生强大影响，使你自己的思想扎根于那些令人疑惑的学说中，并封住所有更加光明的路口。

热情不应支配理智，而应服从理智。即使是最神秘、最崇高的神示信条，如果没有正当的理性也不能相信。我们虔诚的观点不应该为它辩护，除非有确凿的证据证明它，尽管在这个世界上永远也达不到我们所希望的那种对宗教信仰清晰而鲜明的认识。

我无法想象一只猴子、一个弄臣、小丑或傀儡可以成为解决矛盾的仲裁者或决定者。乔装打扮的一切，不可能引导我们得到任何公正的观点。柏拉图、苏格拉底、恺撒（Caesar）、亚历山大大帝（Alexander the Great）都有可能被披上傻瓜的外衣，在这样的伪装下，也许这个人的智慧、威严都不能使他免受白眼。

这种方式永远无法告诉我们，他们是国王还是奴隶，是傻瓜还是哲学家。最有力的推理、最深刻的见解和最文雅的思想都可能被置于最荒谬的境地；最显而易见的公理，可能被非常愚蠢的形式掩盖，但它们仍然是真理和理性。

欧几里得的所有论证都可能被儿戏所掩盖，以至于初学数学的人可能怀疑他的理论是否正确，认为这些理论永远派不上用场。因此，<u>意志较弱的人很容易对崇高的真善美原则产生偏见</u>；通过一种亵渎智慧的无耻玩笑，年轻人可能不会相信最为严肃、最为理性和最为重要的观点。

时刻保持清醒认知

在接触哲学、道德或宗教上有争论的观点时，永远不要因为作者对任何观点的肯定和高度赞扬就对它产生敬意。另一方面，也不要减少对它的尊重，或因为作家对它高傲的蔑视或猛烈谴责就更加反对它。

<u>要让论证的力量影响你的观点。</u>注意你的思想，免得灵魂被各样谄媚诽谤的话扰乱，因而变得飘忽不定。因为任何<u>有影响力的思想，毫无疑问都有辩护者和反对者。</u>

在哲学和宗教中，<u>各方的偏执者通常是最积极的，并且能在论证中起到很大的作用。</u>有时这是让人骄傲的武器：因

为傲慢的人认为他所有的观点都是绝对可靠的，而且认为与之相反的想法是荒谬、不值一提的。有时这些谈话方式仅仅是无知的武器：使用它的人对问题的反面所知甚少，他们因自己薄弱的知识而狂喜，好像没有人可以反对他们的意见。他们会抱怨反对意见，因为除了抱怨找不到其他答案。而且由于过度虚荣，有学识的人有时会被诱惑，变得同样无知和无礼。

有时有人可能会提出一个问题，这个问题性质宽泛宏大，涵盖众多主题，这时我们就不应该通过一个论点或答案立即给问题定性。就好像有人问我，你是斯多葛学派还是柏拉图主义者的门徒？你是否同意伽桑狄（Gassendi）、笛卡尔或牛顿的原则？你是否赞同第谷（Tycho）或哥白尼（Corpernicus）的假设？你是否同意阿米尼乌斯（Arminus）或加尔文（Calvin）的观点？你是站在主教这边、长老会这边，还是保持独立？在这种情况下，比较恰当的做法是不要给出粗略的答案，而是要详细说明细节并解释自己的观点。

也许世界上没有人和群体让我完全赞同他们的观点。我有理性，可以自己判断。虽然有充分的理性同意一个人或党派的大部分意见，但这并不意味着我应该接受所有人的意见。真理并不总是一蹴而就的，错误并不会破坏某一方所宣称的所有信仰。

由于每一学科都有其难点，我大体上倾向于困难最少的那一方就足够了。我将尽可能地努力，通过软化、调和与减少极端，通过借用一方一些最好的原则或短语来纠正另一方的错误或严厉的表达。西塞罗是古代最伟大的人物之一，他向我们介绍了那个时代哲学家的各种观点，但他本人是一个折中派，从中选择了最明智的判断、最接近真理的立场。

当我们被要求对任何问题做出判断和决定，并确认或否认它时，在时间和条件允许的范围内，请全面调查反对的理由和论据，看看哪一边有优势。但是，如果双方的理由各有千秋，我们的责任就是暂停或怀疑，除非需要现在就做出决定，否则必须根据占据优势的理由采取行动。

在紧要关头和重要问题上，我们有责任寻求决定性的论据（如果可以找到的话）以确定一个问题，但是如果事情本身无足轻重，就不值得花费太多时间去寻找证据：只要有可能的理性就足够了。在重要的事情上，尤其是在日常实践中，倘若不能获得充分或确定的理性来决定问题，我们必须着手搜寻可能得出的论据。但是有一普遍规则应该被遵守，即赞同感不能过于强烈，在程度上不应超过论点的支持力度。

我们对很多事情抱着不同程度的赞同，这总是由不同程度的证据来确定的。也许我们同意和相信的东西有一千个层次，因为有成千上万种情况可以增加或减少与问题有关的证据。

这一方面再怎么强调也不过分，即我们的认同应该始终与证据保持一致。我们对任何命题的信念，都不应该超出所拥有的支持它的证据，我们的信仰也不应该超过合理的理性所鼓励的程度。

判断事物的概率

概率是由理性决定的，与过去或未来的事物有关。在判断概率时可以遵循三条规则：

最符合自然规律的东西最有可能实现。就好像一只灰狗在草原上看见一只野兔，灰狗很有可能抓住它。雀鹰一来，成千上万的麻雀一定会飞走。

最符合人类不断观察或重复实验的东西，最有可能是真的。例如，如果没有出现霜冻和雪，英国的冬天就不会过去；若向大众出售大量的烈酒，必有许多人喝醉；一大群人在任何疑点上都会有不同的意见；如果没人看守监狱，犯人一定会从监狱里逃跑。

在过去或现在的事实问题上，如果自然、观察和习俗都没有向我们提供关于问题任何一方的充分信息，我们可以通过话语或文章，从智者和诚实之人的证言，或从看到和知道它们之间关系的众人一致的证言中，判断其可能性。

例如，我们相信茶树生长在中国，土耳其苏丹住在君士坦丁堡，恺撒大帝征服了法国。有无数种命题无须怀疑就可以承认，尽管它们不是凭借自己的感官或单纯的推理能力就能理解的。

当一个观点被很好地研究过，我们的判断就会建立在公正的论点上，在对论点做了大量的调查后，还总是犹豫不决，那将是我们的弱点。因此，我们应该坚持既定的原则，不要为了每一个困难或偶然的反对而轻易改变。我们不要被每一个漂移的道理所吸引，就像孩子随风摇晃。

但那些可能犯错的事情，不应该像无可辩驳的真理那样以绝对和不可更改的方式确立。

我们没必要承诺、赞成或发誓永远不会改变主意。因为在事物的发展进程中，我们可能会遇到一种实质性的反对意见，它可能会让我们对曾经确定的事物产生截然不同的看法。因为某种缘由，"我相信"或"我将会相信"是灵魂终身的牢笼，是阻止思维进步的障碍。在这种不是绝对必要和绝对确定的问题上强加于人，就是对信仰和良心的一种可耻篡夺和暴政。

第 15 章　探究因果

有些结果是通过致使它们产生的原因发现的，而有些原因则是通过它们产生的结果发现的。接下来，就让我们在这里讨论一下这两个问题。

探究自然界或人类社会中特定影响或表现的原因时，可以采用以下方法：

考虑已知的与其类似的事物或现象，它们的特定原因及真正原因是什么。相似的现象一般都有相似的原因，特别是出现在同一类主题中的时候。

考虑可能产生这种影响的原因是什么，通过密切关注和检查排除其中一些原因，逐步认识到真正的原因。

考虑在事件或现象发生之前发生了哪些事情可能对其产生影响。虽然我们不能仅仅通过某些事先发生，就认定其是产生影响的原因，但在众多前期发生的事情中，也许可以通过进一步、更具体的调查来查明真正的原因。

考虑一个原因是否足以产生这种结果，或这种结果的产生是否需要多个原因的共同作用。然后尽可能查明每个原因可能产生的影响程度及范围。

如果研究一个国家或王国发生的革命,也许会发现它是由一位君主的暴政和愚蠢行为,或是由臣民的不满引起的。这种不满和反对可能是由于强加的宗教信仰,或是公民权利被损害,或是外国军队的入侵,或是国内外某些人士对政府提出的统治权要求,或是保卫人民自由的英雄引起的,或者这些因素同时起作用,都会影响这一点。因此,我们必须尽可能明智地分析每个因素的影响,而非把整个事件归于某一个原因。

调查特定原因影响的方法

当调查特定原因的影响时,可以采用以下方法:

仔细考虑每一种原因的性质,并观察每一部分或性质将产生什么影响。

综合考虑多个性质及其运作方式:研究一个原因的性质能够在多大程度上阻碍或促进另一方的效果,并明智地权衡有关影响的观点。

考虑问题的原因是在什么基础上运作的:因为相同的原因在不同的主题中往往会产生不同的效果;如同能够将蜡软

化的太阳同样也会使其变得像黏土一样硬。

对所有共同作用的原因和后果进行最详细的研究，做适当的实验，在实验中设置你想知道影响的原因，并有序地将最有可能产生有益结果的原因放置在一起。

无论是偶然出现的各种原因导致事件的发生，还是人为促成的事件都应该仔细观察：当看到任何特定原因产生积极结果并经常重复时，便可以仔细观察，谨慎归纳，或许它就是最重要的原因。

公正地调查一个或多个原因的共同运作并产生特殊影响的情况，尽可能找出其中一种或多种情况有多大趋势阻滞、促进或改变这个过程，从而影响原因发挥作用的程度。

医生通过这种方式练习和提高技能，他们考虑特定药物的各种已知效果，思考不同的体质对药效产生什么影响，一种药物是否会加强或削弱另一种药物的效果，或者改正它的所有有害特性；然后，他们观察当地人的体质、病人现在的情况，以及这种药物对病人可能产生的影响。对所有不常见的情况都做了明智和谨慎的实验，并仔细观察复合药物对不同体质和疾病的影响，通过公正、丰富的观察，他们在治疗方法方面掌握了值得尊敬的技能。

第 16 章　教学和听讲座的方法

如果一个人以清晰、有条理的方式彻底地学习了一门学科的全部知识，并且对整个学科有了全面的调查和清晰的认识，那么他就为以清晰而简单的方法教授这一学科做了最好的准备：

自己对该学科有了总体、鲜明的认识，并通过经常性的沉思、阅读和偶然交谈的方式来熟悉它。在研究中，他应该看到各个方面，通过所有附加条件和关系来理解它，并且利用它全部的关系、属性、结果更好地向学习者展示自己的观点。他知道应该先向学生展示哪个主题的哪一种观点或方向，以及如何将最容易理解的部分呈现出来，也知道如何把它放在一个最有可能吸引人、最有利于进一步研究的位置。

即使他有着清晰的概念以及学科内系统广泛的研究，也不表示这样优秀的人就能够成为领域内合格的教师。他还必须熟悉各种各样的语言和教育思想，当学生不能接受单一的表达方式时，他可以采用更通俗易懂的语言，直到学生能在他的引导下完全理解所讲的内容。

此外，教师应该是一个性格开朗、谦逊的人，能有耐心地对待一些基础弱或者反应迟钝的学生。他也应该有坦诚的灵魂，对学生的无礼进行温和的谴责，温和地指出他们的错误，并用一种富有吸引力的方法将知识呈现给那些愿意和乐于寻求真理以及在错误中徘徊的人。

这一问题在前面一章有所涉及，这里将更加详细地加以讲述。

苏格拉底式提问

引导人进入任何特定领域的一个非常有用的方法是提问和回答，这是苏格拉底式的辩论方法。因此，对话可以作为一种礼貌和愉快的方式，引导学生进入学科领域，此时，他们寻求的不是最准确和最有条理的学习方法；而且这种方法的优点显而易见。

它代表对话或普通交谈的形式，是一种更容易、更愉快、更灵活的教学方式，比单独阅读或沉默地关注讲座更适合激发学生的注意力和提高他们的领悟力。人作为一个善于交际的生物，在交谈中会更快乐，如果能一直明智、愉快地练习，那么这种学习将会更加有益。

该方法有一种非常亲切的含义，指导者似乎是询问者，在向学习者寻求信息时，会营造出一种谦逊的氛围。

它引导学习者了解真理，就像了解自己的发明一样，这对于人类来说是非常愉快的。通过有针对性地提出问题，能有效地引导学习者发现错误，当发现错误时，他就更容易放弃这些错误。

它在很大程度上是以最简单的推理形式进行的，总是源于断言或已知的东西，继续询问未知的东西，又在为下一个答案铺路。现在，这样的练习非常有吸引力和娱乐性，而在这个过程中一直会使用推理能力，却不会带来理解上的困难，因为询问者会根据被提问对象的能力水平使用不同的词语和表达方式。

如何教，学习者才能获得更大的收获？

但是，指导学生最有用或许也是最优秀的方法，就是像学院的导师对学生做的那样——开设讲座。

首先要选择一本业内认同度很高的书，其中应该包含一个简要的目录或该学科的摘要，至少它不应该是一篇冗长且啰里啰唆的论文。如果老师不知道有此类的出版物，他应该亲自起草一份该学科的摘要，其中应包含学科内最重要的内容，并以他最认可的方式进行讲述。

让学习者每天阅读一章或一节，导师应以这种方式解释：

他应该最大程度地解释专有名词和思想，尤其是晦涩不明和困难的内容，一部分是通过各种形式的语言，一部分是通过恰当的比喻和例子。如果对作者的阐述有疑问，那么讲述中必须对此加以确认。

如果论点具有说服力，应通过进一步的解释来强化，并且应清楚地表明推论的真实性。如果论据薄弱和不足，则应予以确认或作为无用论据予以摒弃。如果需要，应增加新的论据以支持某一学说。

如果在书中发现作者存在错误，导师应该温和地指出并纠正作者的错误。如果书中的方法公正、令人愉悦，应当予以支持；如果存在缺陷且不规范，应当加以纠正。

这本书必须包括了学科内最必要、最显著和最有用的部分，应该被特别地推荐给学习者，并强迫他们学习。重要的部分和不那么重要的部分应该加以区分，以免学习者在不那么重要的部分花太多时间。该学科或其任何部分的各种目的、用途和功用也应予以声明或举例说明，尤其是在数学和自然哲学中，前提是导师有机会和有条件去做。

如果写作风格上有缺陷，导师应该对其做公正的评论。

在给学生阅读和解释文章时，可以比较同一本书的不同版本，或者同一主题的不同作者。他应该告诉学生其他作者对该主题的观点，让他们仔细阅读，并引导他们对这个主题做进一步阐明、确认或即兴创作。

对于学习者而言，偶尔能聆听一些导师对自己遭遇的、涉及这一学科任何事件或有助益故事的历史评价，也是非常具有吸引力和令人愉快的。前提是不会因为这些故事使学生厌烦，而忽略了向他们提供有关当前主题可靠而合理的信息。教师应该尽可能地把教益和快乐结合起来，但同时必须注意，教导学生不仅仅是取悦耳朵、满足幻想，而是充实他们的思想。

在教学时，老师应该注意使学习者理解自己的意思，因此，他应该经常询问学生自己是否表达得清楚，是否理解他的意思，理解他的所有想法。

教师必须用最恰当的方式，把需要讲述的思想简单易懂地传递到学习者的头脑中。他不应该为了显示学识而使用难以理解的词语，也不应该毫无必要地使用听上去漂亮的语言，我们对此应该谨慎，防止做了不受学生欢迎的事情而茫然不知。

我认为，当一个老师准备给学生讲下一节课时，应该把前面的内容用提问的方式复习一遍，并通过这种方式使自己熟悉他们的能力。学习者对此即使有疑问也是徒劳，他们可能会说老师不应该重复功课，自己是来受教的，不是来问答的。但是，如果老师不知道学生在多大程度上记住并理解所学的东西，怎么可能继续教学呢？

此外，我大体上相信，懒惰是真正的无知、无能，或不合理的骄傲，能使一个学习者拒绝老师的指导。由于缺乏经常性的复习，年轻的学生甚至在一个有学问的老师的督促下，也会度过一段空虚无用的岁月。他们从学院回来时没有学到任何知识，甚至连他们之前熟识的东西，像拉丁语和哲学的知识，都可耻地丢掉了。

让老师时刻适应学生的天赋、脾气和能力，运用各种审慎的方法来引导、劝说和帮助他们追求知识。

在学生能力不足的地方，老师应当增加一些例证，并研究、找出令学生为难的是什么，从而为他提供有针对性的帮助。

当学习者通过频繁的询问表现出进步的天赋和强烈的好奇心时，老师要尽可能地以得体和方便的方式解答问题，从而使他们的好奇心得到满足。当问题不合理时，不要用权威性的反驳使他们沉默，而是用坦率、温文尔雅的方式来引导，使它们在适当的时间被解答。

好奇心是一种有用的知识源泉，应该在孩子中间鼓励它，应该通过频繁的互动唤醒他们的好奇心。年轻人应该有充足的好奇心，但不能没有节制。对那些拥有太多好奇心的人，应该明智而温和地加以约束，以免他们在每件事上都徘徊不前，从而一事无成。而对好奇心太少的人，则应该予以激发，以免他们变得愚蠢、狭隘、自满，永远也得不到宝贵的思想和丰富的理解。

老师不要对谦逊、诚实、胆怯的学生要求过高，或期望太高。如果这样的人给出了正确的答案，即使只是针对简单明了的问题，老师也不要吝啬赞美和夸奖。要激发一丝亮起的光，直到它成为光明，要引导学生获得丰富的知识与明智的判断力。

当老师发现一个孩子有胆量、积极、自以为是的时候，抓住恰当的机会提醒他，将他的错误摆在面前，并充分地证明其中的荒谬，以此来说服他，直到他认识到自己的错误并学会谦虚和谨慎。

教师不仅要观察学生的精神状况，还要观察他们理性的努力和成长。他应该像一个园丁在菜园里一样，在学院里练习，并对每一棵植株都采用谨慎的栽培方法：谨慎而温和地修剪不规则的枝条，保护和鼓励萌芽的成长，直到它们长大，开花结果。

老师应该利用每一次机会向学生讲授知识，利用生活中的每一次机会进行有益的交谈；他应该经常向学生询问，不断磨砺他们的推断能力，并教他们如何形成论断，从一个命题引出另一个命题。

如果某一个观点混乱，或者一个命题是可疑的，或论据软弱无力的时候，老师应该抓住这样的机会向学生阐述清楚。通过这种方式，学生不仅能收获知识，还能增强逻辑能力，无论提出什么问题，他们都会自发寻找证据或者案例，主动探究问题的实质，并合理解答。

当自然、道德或政治世界中出现任何不寻常的现象时，老师应该鼓励和指导学生对此发表意见，给予他们及时、准确的反馈，以改善他们的思想。

老师应该全力关注学生知识的增长和获得有价值的成长；这将使他们对老师产生感情，使他们对课堂上的知识抱有更大的兴趣。

第 17 章 塑造清晰的教学风格

最必要且最为有用的教学风格的特点是平实、清晰且简单易行。有一些教学风格不够清晰，在这里，将首先指出这类风格中所有的错误，然后就如何形成清晰和简单的风格给出一些建议。

教师必须避免的错误教学风格主要有以下几种：

使用许多外来词，而且这些外来词没有被充分本土化，也没有与我们使用的语言深度融合。的确，在用英语教授科学知识时，有时必须从希腊语和拉丁语中借用词汇。但是，如果一个人喜欢不分场合、毫无必要地从古代语言中引用难懂的词汇，并在普通的英语中混用法语和其他稀奇古怪的短语，那他的做法就是虚荣的、愚蠢的，这也表明他并不适合成为一名教师。

如果主题和讲授的概念不需要使用它们，就要避免从其他学科中借鉴奇异的教学风格。不要在所有场合都使用华丽的术语，也不要通过一些浮夸和不常见的短语来展示博学，这只是卖弄学问而已。

有一些词语有着明确的使用场景，比如法庭辩论，或者戏剧，然而它们都不应该出现在课堂中。诗人惯用许多隐喻，可以引导人对事物形成清晰而独特的概念：诗歌以其炫目的光芒击中人的灵魂，并通过优秀的表现力、强烈的印象、哀戚的风格使人迸发激情，但它是另一种最适合引导平静的探究者对事物产生公正概念的方式。

还有一种应该避免的风格，即使用从卑劣者、偏执者那里借鉴来，表面上看是非分明，实际上却低级庸俗的语言。我们应该这样想，受过博雅教育的人不是在这种语言环境中长大的，因此他们不能理解这种语言。除此之外，它还会创造一些非常令人讨厌的想法，让人不禁怀疑贯彻这种风格的老师是否受过这份职业所要求的教育。

<u>应避免使用模糊、难以理解的表达方式和晦涩的语言。</u>有些人受教育的影响或存在一些愚蠢的偏见，从而形成了一种模糊而难以理解的思维和说话方式，它持续影响着他们的生活，混淆他们的想法。

还有一些人拥有让人印象深刻的天赋，拥有卓越的天才和源源不断的思想，然而，由于缺乏明确的概念和清晰的语言，他们有时会淹没自己谈话的主题，在黑暗和困惑中驳倒自己的论点。

作为教师，成言成文不宜冗长乏味，因为它减少了应有的清晰度、准确性。

通过他人的指导而获得优秀才能的人，如果想要将众多的思想整合在段落中，他必须清楚如何整理和提取重要的思想，与其将所有的想法都塞进一个句子，使人听起来迷迷糊糊，还不如清楚明白地说出几个短句子，保证听众能够立刻理解并接受。

如何塑造清晰的教学风格

现在应该给出一些有用的建议，以帮助教师获得适当的教学风格。

经常阅读表达清晰且符合逻辑的作品，能很容易地接受作者的想法。我们应该学习并熟悉这样的风格，并且轻松、持续地练习这种风格。

对于所钻研的主题，要掌握全面的知识，从各方面进行研究，并接近完美地掌握它。你将拥有所有与之相关的情感，而且能自如地用语言来表达。

好的教诲是从知识中产生的，而语言有助于表达。

熟练掌握自己使用的语言，熟悉其中大部分的习语和特殊的短语，对于以各种形式轻松地传达有关研究主题的必要概念，这是一个必要条件，它就如同将主题的各个方面尽收眼底。如果学习者碰巧不能接受一种语言形式的思想，那么另一种形式可能会达到这个目的。

学习多种词汇，获得丰富的表达材料。记忆大量的同义词或表达相同内容的词语：这样做不仅会让你的表达因短语的变化而达到同样的巧妙效果，还会使你通过免于赘述的出现，或频繁地重复相同的词汇——这有时可能会让学习者感到厌恶——来增添你的风格之美。

学习缩短句子的艺术，将一个长难句划分为两个或三个小句子：如果其他句子通过which，whereof，wherein，whereto等关系代词将两个句子连接起来，或者通常放在括号中充当插入语，最好把它们分成不同的句子。如果这些小句子必须结合成一个句子，那么也应该通过各种连接词来完成，使它们看起来像是不同的句子，并且尽量避免带来混淆。

要时不时选取某个作家的几页作品，其风格可能复杂、冗余，学习者需要将它翻译为简单的英语，将想法或句子分开，并花费时间修饰、调整它，直到语言变得流畅，易于阅读和理解。

经常与年轻而阅历不多的人讨论新奇或未知的话题，并询问他们是否能够理解：这样做能够增加演讲中语言形式的多样性，直到听众能够完全理解你表达的意思。

第 18 章 如何说服他人

一旦我们形成一个恰当且合理的观点，无论它是与信仰还是与日常生活相关，都会自然而然地想要将世间万物囊括于这个观点之中。这源于我们对自己的判断带有做作、骄傲的优越感，这种优越感甚至要比出于责任感或对真理的热爱更常见。因此，邪恶和堕落是人类的天性之一。

现在，如果我们能够成功地使人们相信自己的错误，便可能放弃之前提到过的那种骄傲和感情，让自己的思维能力不断得到提升。

几点关于更好地说服的建议

如果想纠正别人的错误，那最好选择一个恰当的地点、适宜的时间以及一个最有利于达成目的的环境。如果他正沉浸在其他事情中，那就不要毫无理由地攻击他，而是要选择他头脑放松的时候，那时他会比较乐意倾听、配合。当他被惹恼或被其他事扰乱心智的时候，尤其是观点针锋相对时，不要与他讨论这个问题。

应该抓住有利时机，比如某些事情的发生可能对说服他产生有利的影响，或者某些事情可能会对你将要提到的错误带来负面影响或消极后果。在现实中，要想纠正一个人的错误，有一些令人愉快的时刻，如果能够好好利用，将会使你的尝试更加成功，对他的说服也更加容易。

通过你的行为举止，尽量表现出"你希望他好"这一点。要让他看到，你的目的不是要战胜他，或是暴露他的无知，或是揭示他无法保护自己坚守的东西。让他看到你的目的，不是表明你是个争论者，也不是让你站在制高点上指导他，而是表现出爱他，要发掘出他真正感兴趣的东西。

当争执发生时，不仅要用语言向他保证这一点，而且要让你对他的整个行为始终都表现出真正的友谊。真理和争论伴随着我们信任和热爱之人特殊的表达能力而生。

纠正别人错误的最佳方法是选择最简单、最温和的方式。有时候有必要向他表明，他离真理并不远，而且你会帮他离真理更近一点。只要他说的合理、真实，请给予称赞。

在所有的主张中尽可能贴近对手，并且在你敢于坚持真理和正义的同时也能向他服软。

当双方差异非常大时，试图说服他人及使他人向自己一方和解，是一个重大而致命的错误；对于任何被说服的人而言，这都是难以接受的；如果他不放弃以前所相信的一切，就无法赞同你的意见，那么他就会选择保留自己的意见。

人性对奉承缺乏免疫力，对其晓之以理，他或许能够理解这个说理，否则他会将其拒于千里之外。如果指责一个人胡说八道、思想荒谬、自相矛盾，那么你便更难说服他了。

永远记住，错误不会因责备、辱骂、机智的闪现、尖刻的玩笑和无情的嘲笑而从头脑中根除；长篇大论和对邻居错误的吹毛求疵并不能证明你说服他的合理性，相反，这都是把事情办砸的原因，或是缺乏说理能力的迹象。

避免情绪化

永远审视自己，避免过度争论。激情不会消除误解，但会在灵魂中引发乌云和混乱：人性就像一杯底部有泥的水，如果水面平静，不受打扰，那么水看起来就是清澈的。思想就像鹅卵石，在杯子底部看起来很明亮，但是当它被激情搅动时，泥浆就会升到上面，引发思想的混乱和暗沉。你不能让自己的观念深受激情的影响，却幻想着清晰公正地说服对方。

此外，如果你的精神受到打扰，愤怒被唤醒，这会在对方身上燃起怒火，并阻止他接受你的想法。

挑衅一个你想说服的人，不仅会燃起他的怒火，使其拒绝接受你的观点，还会引起他对你的怨恨，从而让他反对你所有的观点。如果你想说服他向你学习，就必须像朋友一样对待他。

这就是为什么两个争论者或有争议的作家之间，任何一方都很难成功说服对方的原因，因为他们随时都对竞争的主题感兴趣，并因此阻碍了可以给对方或者从对方身上获得启发的途径。

野心、愤慨和职业热情统治了双方，胜利是计划的要点，而真理则是假装的重点。真理经常在战争中消亡，或从战场上隐退下来。争论在开始的地方结束，双方很快就恢复了原来的态度，也许是因为这样的不利条件，他们不需要新的理由就对原来的观点更加坚持和固执，还会让双方大发脾气，态度不再温和。

不要试图或希望通过暴力或严肃处理的方法来说服人纠正错误。世上所有的火与剑以及血腥的迫害都没有带来思想上的光明。通常认为，君主、神父和民众、博学和无知的人、伟人和低贱者都应该看到通过残忍的武力传播真理这种方式的愚蠢和疯狂。牛和驴没有理解力，所以要用枷锁把它们束缚住，但是智慧的力量不应该以这样的方式被束缚。

善于引导帮助达成目标

为了说服一个人，你应该总是选择那些最适合他的理解、能力、天赋、脾气、状态、地位和环境的说服方法。如果要说服农民，就不应该使用希腊语和拉丁语，而应该使用日常的话语、自然的启示以及常见的原因。

应始终以这样的方式提出论据，使人能够以明确和愉快的眼光看待真理，并通过推理形成认同。

给你想要说服的人足够的时间来了解论点。当你用最明智的方式表达观点并用最有说服力的论据使他认同时，不要认为朋友应该立即被说服并接受真理；而且你不能指望一个人突然摆脱已经习以为常的错误，只能慢慢改变。因此，请他不要着急做判断，也不要立即下决定。请他重新考虑你的观点，尽其所能不偏不倚地考虑你的论点，再花些时间全面斟酌。至少，他愿意听你就这个问题继续讨论，而不会感到痛苦、厌恶。

因此，你可以和颜悦色地对他说："我并不愿意把这个问题摆在你面前，让你突然接受新的观点，或者让你立刻把原来的意见和打算搁在一边。我只是希望提供一些线索，能够使你改进自己的观念，或者可能会引导你去推理，以便及时改变想法。"

受上述内容启发,我想补充一点,尽可能让你要指导的人成为自己的指导者。人类的本性可能会被隐秘的快乐和自己推理的自豪所诱惑,使他感觉自己就能发现你要教给他的东西。

有些人天生固执己见,而且这种固执根深蒂固,即使最直接、有力的论据摆放他眼前,他们也不会认为自己错了,脸上还会流露出强烈的不满情绪。但他们可能会接受温和的引导,沿着你建议的思路,直到认识到自己的错误,并同意你的意见;如果你让他展示自己的结论,他会认为是沿着自己的思路得出结论而跟你无关。也许没有什么比这种对他人心灵的隐秘影响更能显示说话的技巧了,而这种影响即使有意追踪它,也难以察觉。

如果能抓住问题的要点,不必太在意表达的准确性。人类是虚荣的,不愿意从别人那里得到结果。虽然不能从自身得到一切,但人们愿意私下或通过隐秘的方式奉行拿来主义。因此,当你将自己的观点充分暴露在众人面前,并以最有效的方式去证明它,对手可能会做一些肤浅、无用的区分,故意改变问题中词汇的形式,并且承认接受你主张中的某种意义、表达方式,但不能接受你的语言。

瓦尼勒斯(Vaniles)承认,他现在确信一个在自己国家表现良好的人不应该因信仰而受到惩罚，但不同意对所有无损于国家的信仰实行普遍的宽容政策，这正是我要证明的观点。好吧，让瓦尼勒斯使用他的语言吧，我很高兴他相信了真理。他有权用自己的方式来修饰真理。

要是你努力去引导一个人相信某些观点，但是他对这些观点持有偏见，不接受你的观点，这时候，可以让他读一些不知名作家写的反对该观点的书，反向说服他相信这些观点。我承认这似乎是用一个偏见来推翻另一个，但是，如果偏见不能通过理性的方式被消除，那么有时候最聪明和最好的教师会发现有必要通过偏见的对比，为理性和真理找到生存的土壤。

如何向大众输出自己的观点

对涉及人数众多的说服教育，不要贸然行动，因为那并不会带来理想的结果，也不易产生影响。一旦贸然行动，经常会引起突然的恐慌，甚至使人们对最公正、最虔诚和最有用的建议产生强烈的反对，使提出此项动议的人永远无法得到机会表达自己的观点。

首先，要确保我们掌握了足够多的知识，并拥有执行这项任务所需要的判断力和魄力,至少在他们中间是最有领导力的人,通过为他们提出合理的动因并审慎地解决问题,说服他们加入自己的阵营。而这可能会取得更大的成功,并且在过程中逐步改善方式。只要条件允许,原始提议者也不应该忽视对剩下的人进行明确而强有力的说服。

假如一件事需要投票表决,他就该尽力确保能够获得有利的多数人的支持;注意让最合适的人对此事展开公开的论证,以免在第一次提案中,由于一些反对提案人的某种偏见而使全部的努力无效。

在这个世界上,我们所处的环境非常不幸,如果真理、正义和善良能披上人类的外衣,从天而降,提出最神圣和有用的信条,辅以最清晰的证据,并立即将它们公布给那些对此抱有偏见的大众,仍然不会被他们接受。它既不能令人信服,也不能让人被说服;因此,我们必须把艺术、技巧和理性的力量结合起来,使人们相信我们的观点。

第 19 章　合理使用权威

一般情况下，能对他人的观点产生强有力影响的人或物被认为是权威。权威的力量如此巨大和广泛，即使人们极其警惕和谨慎，世界上也没有人能完全摆脱它的影响。

我们的培养人（父母和老师），决定了我们观点的多维性；我们的朋友、邻居、居住国家的风俗以及既定的观念，形成了我们的信仰；伟人、智者、信徒、博学者、古人、国王、哲学家都是极具影响力的人物，能够说服我们接受他们的观点。

它们可能属于不同种类的偏见，但都具有同一属性，会被归纳到同一个源头或条目——权威——之下。

西塞罗（Cicero）非常了解权威的负面影响，并在他的第一本书《论神性》（*De Natura Deorum*）中提出了这一点。

他说："在争议和论战中，与其说是持有任何观点的作者或赞助者，还不如说是辩论的力量和分量影响着人们的头脑。那些教书人的权威经常妨碍那些向他们学习的人，因为他们完全忽视了自己的判断，把所尊敬的人为他们评判的一切都视为理所当然。

"我绝不赞同我们从毕达哥拉斯学派那里学到的东西，即如果在争论中提出的任何问题受到质疑，他们都惯于使用武断的言辞，也就是说，他自己——毕达哥拉斯——也这么说。到目前为止，偏见还是占了上风，不合情理的权威足以决定争端和确认真理。"

所有的人类权威，尽管历史并不悠久，尽管他们拥有普遍的权力，并且在几千年里影响着所有的学术和世俗世界，但他们可能对真理并没有确定无疑的主张。

三个显示权威消极影响的案例

权威已经引发了成千上万的错误和悲剧，所以有必要防止权威的消极影响和由此产生的偏见。从三个典型的实例中，可以看出权威或他人的观点必定会深刻影响判断和实践。

父母的权威

父母在孩子还小的时候为他们做判断，指导他们生活中应该做什么和怎么做。毫无疑问，这是一种自然的命令，是在天真的状态下发出的。在孩子的头脑有足够的想法对其进行辨别之前，在熟悉准确判断的原则之前，在其理性成长到面对任何主题都足够成熟老练之前，孩子是不可能自己做出判断的。

我并不是说，一个孩子因为父亲吩咐过就应该相信那些胡说八道或者不可能的事情，也不是说他应该同意父母所有的观点，或者在父母的指示下进行偶像崇拜、谋杀或欺骗；然而对于孩子来说，在有能力做判断之前，除了依赖父母，接受他们的观点和指示，没有更好的方式来弄清楚自己应该相信什么和实践什么。

除了把孩子交给父母照顾和教导之外，还有什么更好的方式能帮助未成年的孩子呢？没有人能像父母那样关心孩子的幸福。因此，按照创造的原始法则，听从父母的指示是通往幸福最安全的一步。父母在孩子有正当的推理能力之前可以替他们做决定。孩子确实没有更好的普遍规律来管理自己，尽管在特殊情况下，这可能会使他们远离美德和幸福。

如果孩子得到更快乐的指导，与父母的错误观点相反，我不认为他们有义务在辨别错误后还必须服从。我前面的论述，只能适用于那些受到父母直接照顾和教育，还没有分辨能力的孩子。无论如何，让年龄很小的孩子不受父母的权威影响是不可能的。

很难说孩子可以在什么时候脱离父母的控制，或许，等到孩子在理解能力方面得到充分成长，并且有能力发挥自己的判断力时，就可以脱离这种控制，而不是要将这个时间限制在数年之内。

当童年和青年时代已经过去，理性能力足够成熟时，人们应该开始在所有事务中探究自己信仰和实践的原因；但是推理无法在某一个时刻达到这种能力和自我满足，所以也不可能让孩子立刻摆脱以前的所有做法。但是，他们应该接受良知和理性的指引，利用所具有的一切有利条件，循序渐进地审视、确认、怀疑、改变它们。

当我们到了一定年龄时，没有人、组织或团体，拥有如世界统治者一样的权威或力量，以绝对的方式向别人叙述他们在道德和宗教生活中的观点和行为。但是，如果我们认为别人的断言是理所当然，相信并践行他们在没有经过适当验证的情况下传播的一切，就应该受到怠惰和疏于进步的指责。

习俗和成见的权威

另一个权威必然支配观点的实例出现在很多情况中。其他人的宣言或叙述可能会决定我们的想法，尽管这通常被称为证词而不是权威。通过证据，我们不得不相信有坎特伯雷或约克这样的一座城市，尽管我们可能从没去过；我们也相信在巴黎和罗马，有一些人是天主教徒，他们的宗教中有许多愚蠢和残忍的教义。

如果人们明智和诚实，有充分的机会和能力知道真相，并且不存在与真理有关的欺骗，那么他们的权威或证据就会动摇我们的看法，尤其是被许多人认可的那部分证据。

但在这种情况下，即使在历史事实和事务方面，也不应过于轻易地屈服于所有传统的指令，以及对证据的无条件颂扬，除非我们诚实地检验过；这对形成可靠的证词、为信念奠定坚实的基础很有必要。<u>在人类身上存在许多假象，它们似是而非，这要求我们对待各种传闻时，既要明智谨慎，又要保持正当的怀疑。</u>

宗教色彩的权威

权威支配我们的最后一种情况是，要求我们相信受启发的人所指示的内容。这不是人的权威，而是神的权威；我们有义务相信该权威主张的内容，尽管目前的理性可能无法以任何方式发现这个主张的确定性。

但是，如果这些命令与我们的理性能力背道而驰，那么我们就可以肯定地说，这些命令不是神向我们揭示的。当人们真的受到权威的影响，相信与理性截然相反、徒有外表的神秘，却又为相信的东西假装理性时，这不过是一种徒劳的娱乐。

一些合理的面对权威的建议

我已经提到三种情形，其中，人类的观点必须或将要由权威来决定；更确切地说，未成年孩子的情形，与他们父母的指令有关；全体人类的情形，与普遍、完整和充分的证据有关；每个人的情形，与神启和受到神启之人的权威有关。

在每一种情况下，我都给出了一些必要的限制和警告。我现在继续提及一些其他的实例，其中，我们应该非常尊重其他人的权威和情感，尽管我们并不是完全根据他们的观点来做决定的。

当我们成年后，在公民和私人生活的问题上自己做判断时，应该非常尊重父母的感情，他们是我们未成年时期的天生向导和指导者。在科学的问题上，一个无知且没有经验的年轻人应该尊重老师的意见。虽然可以正当地质疑老师的观点，直到发现足够的证据为止，但是，如果没有重要和明显的证据，都不应该直接反对父母和导师的观点。

有多年经验的人在谨言慎行方面提出意见时，年轻人和没有见过世面的人应当给予相当的尊重，因为年长者有更大的概率是正确的。

在实际事务中，应该对长期保持其美德和虔诚的人给予很大的尊重。我承认，在宗教仪式上，老年人和年轻人可能存在同样多的偏执和迷信。但在纯粹的奉献或美德问题上，长期如此行事且真诚的人，理所当然地比一个青年更了解他所有不受控制的激情、欲望和偏见。

那些在几个专业和文科方面受过良好教育的人，整天埋头苦干，理应具有比别人更渊博的知识和技能，他们在这些问题上的判断应该得到应有的尊重。

事实上，如果没有充分的证据，我们应该尊重明智而冷静的人的叙述，根据诚实程度、技巧和机会去了解他们。

我承认，在许多这样的案例中，主张只是一种猜测，并不一定要付诸实践，我们可以等到更好的证据出现的时候再表示态度。不过，在问题具有实际性质，并要求我们无论如何都要有所作为的地方，我们应该依从权威或证据；在我们不确定的地方，遵循这样的可能性；因为这就是我们拥有的最好信息来源；当然，在没有更好选择的地方遵循这样的指导，比在绝对的不确定中徘徊和波动要好得多。

第 20 章　如何对待和处理偏见

如果人的本性中只存在理性，并且是纯粹、未经腐蚀的，那么说服一个人承认错误，或者说服他认同明明白白、显而易见的真理并不需要多少技巧或做太多的工作。可惜人类周围到处都是错误，他们因此而陷入偏见。除了理性，每一个观点都能得到思维所有能力的支持和拥护。

一个年轻聪明的天才自身通晓各种真理，掌握强有力的论据，却对世界不甚了解。他刚出校门，像一个游荡的骑士，勇敢地想要战胜人类的愚蠢，将光明和真理传播给所有熟识的人，却遇到了强大的巨人和坚固的城堡：强烈的思想、习惯、习俗、教育、权威、利益，以及人类的各种激情，都武装起来顽固地捍卫旧观点；天才对他的勇敢尝试感到奇怪、失望。他发现不能再相信锋利的宝剑和武器的力量，必须以机敏、技巧和演讲来掌控理性武器，否则就永远无法战胜错误，说服别人。

如果偏见太过强烈，这里有几种方法能够纠正它们。

正面攻击的效果往往不理想

通过不对偏见进行任何直接攻击，来避免它的力量和影响。要做到这一点，你可以只提出自己针对它们的观点和论据，逐步引导他人一步一步地走向真理；不要立即将真理提出来并让他接受，个人的偏见可能会让他承受不了。

也许你的朋友心灵纯朴，只是受到了迷信和偏执的影响。此时，尽管选择把他的观点放在耀眼的阳光下，让错误无所遁形，但是你不应该立即激烈地向他表明他的观点是荒谬或愚蠢的；你必须从相关性不强的论断开始，使他认同一些较为熟悉或简单的主张，而这些主张往往会驳斥错误、验证真理；然后静静地观察这给他留下了什么样的印象，在他能忍受的范围内慢慢地进行；你需要在某些不明显的时机，继续说服他。要知道，温柔或虚弱的眼睛不能承受强烈的光芒。

因此，我们不能仅仅根据自己的想法来考虑问题，并由此期望别人能立即信服我们的观点。我们应该考虑，与我们交谈的人将如何接受这些观点。就像慢慢地给孩子喂牛奶一样，要控制好速度与流量，以免婴儿被呛；如果喂得太急，婴儿可能会把牛奶全都吐出来。如果你有好酒，并且总是慷慨地分给朋友，如果他的酒瓶口径狭窄，你还是肆意地倾倒，结果就不是灌满酒瓶，而是都洒出来了。

可以选择策略性让步

我们可能会在一段时间内故意放纵那些似乎违背真理的偏见，并努力逐步引入真理，同时明确承认这些偏见，直到真理本身可以消除它们为止。

如果不能立刻击败偏见，偏见则可能会举起武器反击，这时就必须做些让步，暂时屈服于偏见，只要能安全地做到这一点，就不会对真理造成任何真正的伤害。如果在努力说服他人方面取得了任何成功，我们就必须实践这一成果。

以一个学生为例，他深谙亚里士多德学派的原则，想象在每一种药草、花朵、矿物、金属，甚至每一种操作中都存在一些称为实体形式的非物质存在。或者以一位柏拉图主义者为例，他相信普世灵魂，认为作为同一个世界的普世灵魂，可以渗透到所有的事物中，使事物能够按照本性行事；并通过普世灵魂，赋予它们本性和特殊的力量。

通过争论来说服并强迫他们放弃这些观点可能会非常困难。那么，就让这个人相信他的普世灵魂，另一个继续他坚信物质形态的概念。他们在某一学科获得一定程度的科学技能时，将会看到这些轻率的观念、虚构的力量是多么无用和没有必要，甚至会主动抛弃它们。

有时候，我们可以利用一个人的偏见来说服他相信某些真理，假设他宣称的原则是真的，并就这些原则与他争论。这叫作迎合对方偏见的辩论，是一种常见的处理人类偏见的方法。

假设一位犹太人生病发烧，医生禁止他吃肉；但他听说晚餐是兔肉，非常渴望吃点儿。假如他对医生的禁止变得不耐烦，并且坚持认为兔肉对他没有危害。为了他的生命安全，我们有必要让他不再坚持那种渴望，我们可以告诉他兔子是被勒死的，而犹太法律禁止食用勒死的动物。

另一位犹太人特内利拉（Tenerilla）以同样的方式被说服了，同意她的丈夫达蒙（Damon）起诉一名在安息日破门而入的窃贼。起初，她不想起诉这个窃贼，因为一旦他被起诉，根据英国的法律，他必须被绞死；特内利拉认为，在摩西（Moses）的著作中，神的律法不会对这种罪犯处以死刑，但规定一个人因偷窃行为可以被卖掉。当达蒙无法说服她时，就提醒她小偷是在安息日早上犯下的罪行：摩西的同一部法律规定，破坏安息日的人一定要被处死。这一论点说服了特内利拉，最终同意起诉窃贼。

当厄内拉特斯（Enerates）看见一位伊斯兰教徒饮酒过量，并听见他坚持醉酒的合法和快乐时也用了同样的方法。厄内拉特斯提醒他，先知穆罕默德完全禁止追随者饮酒，然而这个善良的人在既不能说服他喝酒是非法的,也不能阻止他过量饮酒时,就选择这种迷信的方法来抑制他的不合理欲望。

如果我们发现任何人顽固地坚持一个与理性相悖的错误,尤其是这个错误非常有害,并且知道这个人喜欢倾听一些他所偏爱之人的观点或权威时,就有必要借助那些人物的意见和权威,这可能比理性更有用。

我承认,在谈论推理的艺术时使用权威的影响让我几乎感到羞耻,但在某些情况下,想要说服贫穷、愚蠢、乖张、顽固的人转变想法,可以通过他对人的崇拜而做出正确的判断,采取正确的行动,这比让他们在错误中徘徊、继续对争论充耳不闻、对所有证据视而不见要好很多。他们不过是体型较大的孩子,一生都囿于自己的少数观点之中,拒绝正确的论证。

我们当然可以试着说服他们,使用幼稚的理由让他们实践自己感兴趣的事情。我们可能会用沉郁幽灵的恐怖来震慑他们,避免他们走上自我毁灭的道路,或者我们也可以用糖果诱惑他们追寻幸福。

但是,归根结底,必须得出这样的结论:凡是能够直接说服的,最好直接说服他们根除头脑的偏见,而非姑息、迎合或纵容它们。然而,在不得已的情况,你需要暂时妥协一下,通过这样的方式,你才能让一个人放弃被他奉为圭臬的错误,接受更好的观点。

▷ 第2部分

一些帮助你更好地教育孩子的建议

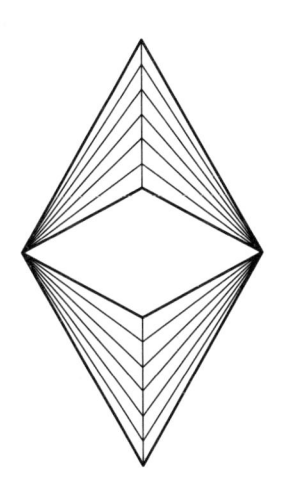

第 21 章　论儿童及青少年的教育

孩子是未来的希望。如今在忙碌的生活场景中扮演不同角色的我们，正在逐步退出人生的舞台；时间正在将我们从生活琐事和人世上驱离，使一代代人长眠于地下。30年的时间，另一代人就能在我们曾经生活的地方成长起来，并成为这个世界所有事务的主要参与者，当我们老态龙钟时，他们决定着这个世界的模样。

难道不应该反思，我们现在可以做些什么来避免不幸，造福我们的下一代？我们怎样做才能使下一代获得智慧、善良？我们是否还关心那些茁壮成长的后辈，向他们传播美德与幸福？

最聪明的人给了我们建议："将一个孩子按他应该走的路加以培养，到年老的时候，他也不会偏离这条路。"更加明确地表达这个命题的含义就是：让孩子在人生早期接受良好的教育，为未来美好、幸福的生活打好基础。

不过这里指的是三岁以上儿童的教育问题，至于三岁以内的，我认为这个年龄段的孩子应该完全由母亲照顾。但我并不是说不能以更加明智、快乐的方式给她们一些建议。

事实上，她们能够为这些稚嫩花苞未来的幸福做很多事情，这是人类的天性，也是责任。通过品行良好的人用心地传授美德，善良的种子能够及时播种到儿童心灵的土壤上，一些在人生前期形成的不良习惯会被扼杀在萌芽状态。在三年的时间里，能够在他们的内心和行为中形成牢固的根基，接下来的教育并不会废除这种良好的基础。

我研究的时间段是孩子们学会自己的母语，开始更明显地展现智力，并且明显地能够形成自己的思想，并将其融入知识、美德的时期。

目前，儿童教育的首要部分，也是最普遍的部分，就是教导他们学习对于地位和身份来说必要且有益的东西，以及关于这个世界今天和未来的事物。

我不支持根据出生的地位和阶层来教导孩子，尤其是教导他们与世界有关的知识。与家境较差的人相比，家境较好的人应该为儿女提供更多的知识、更加多样的指导。但是，出生在这个世界上的每一个孩子都有自己的身体和灵魂，孩子在这个世界的幸福或痛苦，在很大程度上取决于他们受到的教导和获得的知识，孩子有权利得到父母力所能及的教导，这对他的灵魂和身体、今天和以后的幸福都是必需的。

诚然，人类天生就有学习的能力，但是当我们来到这个世界时，并不具备任何知识。我们刚出生时不了解任何一件有益的事情；我们不了解自己，不清楚自己的责任与利益，也不知道何处隐藏着危险。如果完全放任我们成长，我们可能会像野兽，随时做出愚蠢的行为，甚至会犯下罪恶。如果没有人指导，我们一生都不会有智识。

<u>人类所有的本能，比如意志、感情、感觉、欲望，如果不能受到理性的支配，就会成为制造疯狂与不幸的工具。</u>如果没有得到适当的指导，那么理性本身就会发生诸多严重的偏差甚至错误，并且会利用所有其他力量来制造恶作剧和疯狂。在我们的同类中，是谁赋予我们生命，赋予我们做人的品格，赋予我们人生指导？我们有责任教育我们的后代，或尽可能地为他们提供这样的指导者，并使孩子一直在良好的引导下成长。

第22章　天赋能力的训练和提升

我已经提到，应该教导儿童如何运用、训练与提高天赋能力。为了更有条理，可以将能力区分为肢体能力和思维能力。虽然人生来具有这些力量，但只有通过良好的教育，它们才能得到锻炼与提升。否则，这些能力就会像未开垦的荒原，不但不会收获累累果实，相反，还会成为长满野草的蛮荒之地。

能够培养的思维能力，可以分为理解力、记忆力、判断力、理性思维和良知。

教孩子们正确运用理解力，让他们相信理解力是一种宝贵的才能，引导他们寻求多种知识来丰富理解力。使他们每一天都能获得一些新的想法，使年轻的头脑不断加强对事物的认知。

对于孩子来说，几乎所有的东西都是新鲜的，新奇的事物能够吸引他们获取新的知识。向他们展示鸟兽鱼虫，以及植物世界的组成部分和特性；教他们观察自然界中的太阳、月亮、星星、日夜、夏季和冬季、云朵、天空、冰雪、风、火、水、土、空气、森林、高山、河流。孩子应该熟悉必要的家庭事务，熟悉公民生活，熟悉国家的事务，熟悉人类的各种杰作。无数的事物涌入他们的视野，这将为满足他们的好奇心提供了新的素材。

有些书中印有栩栩如生的鸟、兽等动物的形象或图画，图画下面有名字，这就能愉快地引导孩子了解许多知识。这种做法大大有助于教师的工作，可以增加孩子们在日常学习中的乐趣。

<u>教导孩子的人应该引导他们带着好奇心多问问题，鼓励他们问问题，并用他们能够接受的语言尽其所能地给出最好、最令人满意的回答。</u>

<u>尽可能让他们对事物有清晰的认识，教他们通过不同的外观、性质和效果来区分事物。</u>向他们展示某些事物与其他事物在多大程度上是一致和不同的。最重要的是在有限的理解范围内，教会他们分辨表象和实质，分辨善恶，分辨大小事，因为这些都是在儿童理解过程中体现出来的有价值的部分。

记忆力是另一种需要培养和提高的思维能力。努力让孩子记住有价值的东西，例如短小精悍、妙趣横生、惩恶扬善的故事，简单的语法规则，诚实和美德的法则等，最好以诗歌和短篇散文的形式讲给他们，并在合适的时间重复这些内容。

如果不在他们身边，你应该关心他们学到了什么。要注意不要让孩子生活在无数琐碎的小事和无聊的废话中间。记忆是思维的宝库，里面不应该装满垃圾和杂物。

需要良好教育的孩子不应该听幼稚的故事、愚蠢的歌谣、保姆的脑筋急转弯和枯燥的歌谣。可以找到一些更可靠和对成长更有利的东西来代替这些愚蠢的东西。这些东西在孩子获得知识与增长能力方面，根本不会起到积极作用。

加强和改善记忆力的方法是每天锻炼记忆力。我并不是说应该把孩子拘束在课本前，每天都塞满课程，让孩子时时都承受沉重的负担。灵魂的力量（尤其是那些与身体紧密配合的行为，以及由大脑提供很大帮助的能力）可能和肢体的一样，会因负担过重而受到伤害。在生命较为脆弱的时期，过度强迫记忆可能会使思维变得混沌和糊涂，头脑可能会过度衰弱，进而让健康受损。教师应该谨慎，清楚儿童的年龄和各种能力，应该知道如何避免走向极端。

但总的来说，思想的力量和身体的力量一样，能够通过持续适度的锻炼得到增强。让孩子的记忆每天都得到新的锻炼，每天吸取知识。

判断力是思维的另一种天赋力量，应该在孩子身上得到锻炼和提高。应该教导他们不要轻率或突然地对人或事做出判断，应该有充分的理由之后再做判断。出于这个目的，告诉孩子，如果不经过适当的考虑就突然做出判断，就会非常容易受到欺骗，也会经常被迫改变观点。让他们记得，如果过于草率地发表意见，很快就会发现自己错了。这将使孩子变得谨小慎微，唯恐赞扬或否认一件事时过于轻率。

要教导孩子，不能仅仅根据外在表现判断事物或人，应该尽量向深层挖掘。告诉他们并非每个穿着漂亮衣服的人都是富人，并非每个说出深奥词汇的人都有学问，也并非每个幽默的人都会在别人生气时说出讨好的话。经常给他们举例子，让他们明白通过外表草率判断出现错误的概率有多高。

告诉孩子不能依照习惯和大众的共同意见来做判断，也不能按照富人或伟人的做法来下结论，因为这些因素都有可能欺骗他们。他们必须凭理性判断事物。让他们知道，习俗经历了改革和变迁，一个时代或国家的习俗与另一个时代或国家的习俗可能大相径庭，但事物的本质和道理是一样的。

在每一个场合都应该避免让孩子形成偏见，或在理由不充分的情况下对人或事物做出判断。

幼儿的理性思维有待培养和提高。这与判断力非常相似，因此在这里只进行简短的说明。

无论孩子发表了什么意见，请他们给出这样认为的理由。如果他们渴望做某件事，或者表现出对某件事的厌恶，询问他们渴望或厌恶的原因。如果他们按照自己的意愿行事，也要询问他们为什么要这样做。你在做任何对他们有利的事情时，告知他们你这样做的原因，使他们相信这种做法是合适且必要的，尽管他可能并不怎么喜欢。

虽然孩子的理性思维还稍显幼嫩，但是通过实践，能使他们及早地获得智慧，形成恰当判断事物的能力，也有助于他们美德的养成。通过这种方式，你就得到一种教育的方法，教导他们履行职责，避免错误。如果忽视了理性思维，在教导他们时就会像训练没有理解能力的骡马，使他们像人形的动物一样成长，理性思维在他们生活的后续阶段能发挥的作用就不大了。

良知是灵魂的另一种天赋力量，德行原则和对人类负责的原则在此汇集。良知是内在的东西，要求我们为自己的错误负责，我们通过良知对自身的所有行为做出判断。

孩子们心中存在良知，这种良知应该及早发挥作用。我们应该教导孩子反思和回顾自己的行为，教导他们经常总结，将自己的行为与心中好的规则和原则进行比较，看看自己在多大程度上遵守了这些规则，又在多大程度上忽视了它们。父母应该教导孩子依照自己的良知，经常检查自己的行为，当认为已经尽最大可能按照自己的所知行事时就可以感到高兴了。他们犯错时，也应该受到良知的谴责，并感到悲哀、羞愧和悔改。

拥有良好的行为规范、永远保持温柔和谨慎，对各种美德的实践有着绝佳的益处。孩子们应该学会敬畏并遵守这种内心的监督，每一个故意的罪恶都可能导致内心的痛苦和不安，他们可能会牺牲其他一切来维护良知，愿意承受任何后果也不会违背它。

接下来，我要介绍身体的几种力量，应该在幼年时期加以适当的指导以管理和规范它们。既然自然之神给了孩子眼、舌、足、手，父母应该教育孩子如何正确使用它们。

首先，父母应该教孩子如何正确使用眼睛。我在这里给出一两个相关的提示。父母应该告诫孩子，不要目不转睛地直视他人；不要把眼睛睁得太大，做出瞪着别人的样子；当他们的脸转向别处时，不要斜视；要直视所看到的人或物；应该学习带着足够的勇气去面对正在交谈的人，但要带着应有的谦虚的态度。在很大程度上，从眼睛里就可以看出一个人是否勇敢和谦逊。

应该经常告诫孩子，不要做出阴沉地皱眉和不安、令人生畏的神情。他们应该学会展开额头上的褶皱，在朋友面前表现出活泼、愉悦的样子。有些人天生具有这些优点，有些人却没有，也许在幼年时，父母的关怀会使这些不足得到纠正和改善。人的愁容并不总是因为坏脾气，而是因为担心别人不喜欢他，或者埋怨他。因此，我们应该经常用亲切的语言和孩子们交谈，用坦率和温柔的表情鼓励他们，来消除这种隔阂。在这种情况下，知道如何让孩子在父母的陪伴下开心快乐地成长，是最重要的教育问题。

父母应该教导孩子正确和愉快地使用舌头。说话要发音清晰，吐字清楚。他们应该学会在单词和句子之间保持适当的停顿，不要说得太快，口中含着一大堆杂乱的音节，听起来像胡言乱语，让人无法理解。孩子也不宜用缓慢而冗长的语调说话，这种方式同样令人不快。在说话方面还有另外两个常见的毛病，如果发现了，应该及早纠正：

第一个是吐字不清。在发字母s、z或c的音时咬舌，在E和I之前，就像在读"th"一样。因此，吃到辣的东西时，他们哭喊的不是"spice"而是咬舌的"thpithe"，应该说"cease"时他们说的也是咬舌的"theathe"。这可以通过教会他们类似单词的正确发音来纠正。当字母s的发音占上风时，他们的牙齿紧闭；除了在说"th"的时候，其他时候禁止他们把舌头放在牙齿之间。

另一个错误就是口吃。我认为这个缺陷通常可以通过教导孩子放慢说话的速度来纠正。应该告诫他们，不要愤怒、急躁，不要急于求成，因为急躁会使发音器官在形成音节之前，声音就脱口而出，从而导致语音混乱。

这里不再强调说话时舌头的用处。

父母要教孩子站得坚定有力，走得恰当得体。孩子走路时应该避免歪斜蹒跚，避免脚向内翻，避免走路时突然抽搐、跨步或其他令人尴尬的情况。许多人由于年轻的时候没有纠正这些行为，这些不好的习惯到老年时仍然伴随着他们。儿童应该经常进行体育活动，迅速地奔跑和跳跃，锻炼四肢，使其在任何情况下都能灵活、敏捷、强壮、活泼。

他们的胳膊和手，生来不是为了抱在胸前的，而是要做有用的工作。有时，需要有节制地进行强健而艰苦的锻炼和劳动，以期通过锻炼获得稳固的力量。

而更多的人，尤其是那些用自己的双手谋生计的人，很早的时候就熟习了劳碌的生活。他们应该已经习惯在炎热或寒冷的环境中工作，忍受更艰苦的磨炼和肢体的劳作，锻炼自己忍受艰苦，度过生活中的困难。<u>每个家庭都应该让孩子吃点儿苦，不要娇生惯养。</u>

如果那些慈爱而温柔的母亲能以这种坚强的方式养育孩子，那么她们或许现在就不会在孩子的坟墓前哀悼了。如果孩子年幼的时候，不让他下地走路，也不经受风吹雨打，一直在温和、柔弱的环境中长大，往往会使他成为一个柔弱无力的人。

指导儿童锻炼和提高身心的天赋力量，是良好教育的必要组成部分，父母和教师应该尽早进行。

第 23 章　自我管理

儿童应该学习自我管理的艺术，学习怎样控制思想；学会用理性而非固执和愚蠢来决定意愿；学会让天性中的低级力量服从理性的支配；应该重新调整自己的感官、想象力、欲望和行为方式。请注意，我在这里谈论的内容，并不是宗教的一部分，作为一种指导，它对这个世界上所有人都极其有益。

应该在早期的管教过程中培养孩子的思维能力与想象力。教导孩子尽可能地把思想和注意力集中在应该做的事情上，并阻止他们分心。许多孩子都有飘飘然的幻想，不会轻易将注意力固定于某一事物。一片飘飞的羽毛、其他人的一个动作、一丝声响，都会使他们远离当前的任务。他们需要把注意力集中在书本或者其他事物上时，总是注意到任务之外的东西。即便在室内做事，他们也总想抬头看看窗外，从而忽视了自己应该做的事。

这种不稳定的特性，如果不加以改变并在早期纠正，将会产生不利的影响，阻碍他们在所从事的事情中取得卓越的成就。因此，应该教导孩子集中注意力，专心于手中的事情直至完成。

然而不应该责备孩子的散漫，也不应该使用暴力和过于严格地让孩子进行长时间的学习。这样的行为可能会扼杀一个积极而充满活力的天才，摧毁好奇心的种子，而好奇心往往会成就美好的未来。应采用适当和令人愉快的方法来说服年轻的学习者进行目前的学习。吸引孩子将思想集中在学习上远比采取强硬的态度要好得多，无论如何都应该尽量避免专横、强硬和暴力。

稳定的思维及主动能力不仅可以用来获得有用的知识、学习技能，而且对于解决问题、促进实践都有极大的益处。孩子在成长过程中会有无数次的注意力分散，一定要及时教孩子如何集中注意力。

很好地掌握了自我管理艺术的人，即使是走在伦敦的大街上也可以锻炼自己的思维能力，或是身处喧闹之地也能陷入沉思。这就是幸福，一种不常见的幸福。

应教育孩子根据自身情况来管理爱好和愿望、决定自己的意愿和选择，而不是出于心情或者漫无边际的幻想。有些人，即使到了成熟的年纪，也解释不清楚自己为什么会从事某一份工作，仅仅因为自己抱有幻想，便这样做了。我会做仅仅因为我愿意，而不是其他的原因。同理，他们拒绝或讨厌某件事，也只是因为不喜欢。我不会去某个地方或不喜欢某件事，都是出于心情，这种行为十分不恰当，作为早期生活的一部分，应及时改正。要用理解力和决断力来做决定，并且优化我们的选择和行为。

教育孩子控制食欲，食欲也应受到管理。品尝是年少时期接触味道的第一件事，应及时给予管理。孩子们渴望餐桌上的每一道菜肴，如果没有教孩子控制食欲，他一定会吃掉所有的泡菜、香肠和高蛋白的肉，狼吞虎咽地塞下各种对胃口的食物。

过度饮食会给孩子的健康带来不良的影响，视线范围内的每一种甜美的食物于他们而言都是一种诱惑，而非本能需要。这种频繁的放纵伤害了他们的胃，使他们破坏了体质，削弱了生命的源泉，也迅速地损坏了健康生活的能力！

他们通常会成为年轻的暴食者，并从口腹之欲中寻求满足！终其一生对美德和自制视而不见，因为没有人在小时候教导他们控制自己。成为食欲的奴隶，让这种野蛮的欲望压制理性甚至控制着这个人，这是一件多么可恶和令人羞愧的事情。

有些父母纵容孩子经常性地啜饮葡萄酒，导致孩子在未到可以饮酒的年纪便喜欢上了喝酒，这让他在成年之前就会认为酒是支撑生活的必需品。贪食、酗酒都是人类的不良品性。

过分追求良好的口感是愚蠢而危险的，父母不应该支持这种行为，因为温和的食物对所有人来说都是健康的，尤其是儿童。在这方面，孩子应该接受长辈的指导，不能总是自己做选择。这种行为和制约可以培养美德和自我否定的能力，使他们慢慢学会节制和节俭，享受平淡、健康的食物，享受健康的快乐以及安定、愉快的晚年。

纵容食欲不仅会使孩子经常生病，同时也使他们娇气，容易呕吐，父母会难以说服他们吞下康复所需的药物。花整整一个小时哄孩子吃药，是多么漫长、乏味和无聊的事情啊！而父母耐心的劝说与讨好都无法说服孩子喝下汤药或药丸，即使这些药对恢复健康至关重要！

除了口腹之欲，还有其他的欲望（如果可以这样称呼的话），如果父母无法明智地限制或者指正孩子，孩子将更加放纵。他们永远不会满足于自己的眼睛看到的、耳朵听到的。有些年轻人不能听说什么精美的节目，否则就必须要看到它；不能听说音乐会的消息，否则就一定要去参加，即便费用远远超出自己所能承受的范围，并可能危及他们的健康或美德。

我会向青少年推荐一些不常见的事物，以满足他们的好奇心。比如参观珍奇动物的展览，了解像狮子、鹰、鸵鸟、大象、鹈鹕和犀牛之类不常见的动物；还可以观看展出精美的所罗门圣殿的模型，或者精美且令人称奇的时钟作品的展览；或者观看国王加冕、军队阅兵等活动。我认为这些活动很安全，也不需要父母支付较高的费用，孩子就可以有机会了解一些新鲜事物，使他们在脑海中产生有益的想法，去思考自然、艺术的不平凡，以及公民生活的场景。

但是，如果孩子坚持要参加每一个这种类似的场合，想要抓住每一个机会重复此类事情，从不错过可能使感官愉悦的事情，而往往不顾及美德、健康，这也是一种虚荣，应该受到约束和教导。

情感和激情是这个主题下的最后一件事，它们在孩子身上出现得很早，在他们想要规律生活和自我管理之前就出现了。他们爱恨强烈，悲伤、欢喜来得猛烈而突然，希望和恐惧、期望和厌恶都会在微不足道的基础上被无限放大。要成为明智的父母，就要注意他们内心深处的情感，并且在观察到他们情绪异常时，要用心留意、严谨行事。

要让孩子尽早明白这些让他们悲伤或高兴的事，其实根本不值得如此在意。告诉他们，因琐事狂喜、因琐事痛苦是愚蠢的行为。告诉他们少些期待和悲伤是幸福的，因为这样会远离许多悲伤，也会使心境始终保持安静平和；告诫他们永远不要期望过高,甚至期望远远超出实际,这样就永远不会经历巨大的失望。教导孩子在所有的事情上坚持适度原则,告诉他们激情永远不应该放在那些不值得关注的事情上,激情也不应高于实际的需要。

教导害羞和胆怯的孩子不应该对事物感到羞耻。他们不必害怕别人,也不必害怕可能威胁到自己的坏事。在早年生活中,将情感置于工作中,这将对自我管理产生积极的影响。

综上所述,让孩子知道必须控制自己的愤怒,而不是随意爆发。这种发生在儿童身上的愤怒通常被称为激情。因此应该为它设置一个恒定的防护装置。让他们知道,因为一个小刺激发火是多么不合理的,原谅伤害是荣耀的。能够控制自己情绪的人才是更好的人,能够控制怒火的人比拥有一座城池的人更优秀。要记住,虽然一个善良的人可能会发怒,然而只有傻瓜才会让愤怒继续生长。因此,他们永远不应该轻易感到愤怒。

幼稚的怨恨和滋长的愤怒经常出现,因此应该经常给予孩子一些警告。要告诉他们一个温顺而没有激情的孩子有多么受人喜爱。告诉孩子内心平和有多重要,能够免受怒气与烦恼的苦。当他们幼小的心灵在体内愈加膨胀,或者处于发火的边缘,请想办法转移他们的注意力。温暖的话语可以熄灭胸膛中的怒火，缓和愈演愈烈的情感风暴。教导孩子克服青少年时期的叛逆，并养成习惯，你会为孩子接下来的生活奠定良好的基础，让孩子少犯许多错误。

关于孩子的自我管理，能满足以上三点就足够了。我已经占用了大量的篇幅来讲这个问题，因为它对于安稳和幸福的生活是如此重要。自我管理要从孩子做起，否则人们几乎不可能成功地战胜自己。

第 24 章 阅读与写作的艺术

接下来要讲另一件关于儿童学习的事——阅读、拼写与写作的艺术。

写作被视作一种神圣的艺术,通过写作,思想不需要借助声音便能传播,不需要借助听觉也可以被理解。其中我会增加一些关于数学与计算的小知识,因为在这个时代数学知识的应用很普遍,数学教育属于必然要接受的教育。

通过写作,人类能够记下自己所在时代发生的事情,为后代积累丰富的知识宝库。

通过阅读能学到许多东西,这些东西或许是我们的眼睛所看不到的,也是我们的思维难以企及的。古人用智慧写就的书籍引导着我们,让我们能了解祖先的思想、行为,并且能够受益于祖先从一生的经验中得出的聪明而睿智的论断,却不需要经历漫长、痛苦的辛劳。通过这种方法,孩子可以学习大量古代的智慧。

正是通过阅读这门艺术,我们足不出户便能了解世界各地发生的事情，各个时代、国家的历史和风俗习惯都摆在我们面前。通过这种方式，我们得以了解犹太人、希腊人、罗马人的故事，包括战争、法律、宗教信仰，可以知道数千年前他们在欧洲、亚洲和非洲的所作所为。

必须承认，在印刷术发明以前，即便在文明国家，阅读也并不普遍，因为书籍非常昂贵。所有的书籍都必须人工抄写，大部分人很难得到书籍。但自从有了印刷术，知识得以在世界各个角落广泛传播。在印刷术普及的情况下，如果孩子在文明国家出生和长大，却没有掌握阅读的技巧，这将是一件令人非常遗憾的事情。

写作是一门非常有用的艺术，这门艺术现在相当普遍，许多儿童能够轻易习得这门艺术。通过这种方式，我们可以将想法和经历告诉远在千里之外的朋友，告诉他们我们的欲望、悲伤与喜悦，使他们关心我们，如同他们在身边一样。

我们同身处遥远国度的人保持通信和交流，也通过这种方式了解所有国家的财富和伟大。我们通过写作将与我们相关的所有事情珍藏在一个安全的存储空间，并且通过查阅记录，我们能够重温对事物的记忆，而这些事物与当前和未来的生活息息相关。如果这种权利能够以一种便宜和轻松的方式获得，不必承担其他生活义务，也不会疏漏任何国家义务，那么为什么要剥夺孩子的这种权利呢？

在这里需要补充一下，真正的拼写是知识的一部分，孩子应该掌握它。身处文明时代，一个人无法毫无错漏地写下常用词汇，或者只能用一种尴尬无知的方式将字母拼凑在一起，拼出的词语没有任何意义，或者很难看出意义，是一件令人羞耻的事情。

以往的研究显示，数学，或者说数字的艺术，也是良好教育的必要组成部分。没有一定程度的数学知识，就不会有贸易。现在尤其需要数学知识，因为现在比以往任何时代更加依赖信托和贷款。在某种程度上，记账的技巧对于几乎所有人来说都是必要的。为了对一个人或家庭的普遍开销做真正的调查和公正的判断，记账的技巧也是必要的，但是根据父母对孩子将来的不同打算，这类知识对孩子的重要性也并不相同。

在一个家庭里，儿子应该学习写作、阅读、拼写和数学知识，女儿也应该接受同样的训练。无论男女，阅读都是必不可少的知识。在这里，我恳请所有年轻女性，特别是情况较好的年轻人，抓住每个场合锻炼写作技巧，以此来保持自己习得的技能。而且我很想说服她们努力学习拼写，缺乏拼写技能是许多人羞于写作的原因之一，但是她们并不羞于承认这一点，仿佛这是忽视并丧失写作能力的正当理由。

第 25 章 审慎的原则

所有的孩子都应该得到生活方面的指导,并被教导审慎处事的原则,通过这项原则他们可以管理自己的事务与行为。如果孩子缺乏这方面的知识,即便将其他知识都教授给他们,在这个世界上他们也只会成为可鄙的人,并给自己带来诸多不便。

其中有些与审慎相关的原则具有普遍性,在任何时候和情况下都是必要的,另一些则较为特殊,适合根据具体情况来使用。

如果有人问人类审慎的基础是什么,依我看可以分为三个方面:

<u>对自己的认知</u>。每一个人都应该学会反省自己:我的脾气和天性如何?我最强烈的欲望和主要的激情是什么?如果有的话,我主要的才能和能力是什么?我有哪些缺点?我最容易犯什么样的错误,尤其是在年轻的时候?有哪些诱惑和危险伴随着我?我在这个世界上所处的环境如何?我和周围

的人是什么关系？经常做什么，偶尔做什么？

对所有事情进行明智、公正的审视，并把答案牢记在心，这对生活将有不可言喻的益处，使我们能够将主要力量集中在关键的地方，以及面临的最大的危险上。这使我们能正确地运用才能，并抓住一切优势改进薄弱之处，以达到最佳的目的，以最节省时间的方式走向虔诚、有益与和平。

对人类的认识也是学习审慎的必要条件。年轻人不仅应该学习什么是一般的天性和能力、什么是美德和邪恶、什么是人类的愚蠢行为，也应该知道或者至少应该更具体地观察与自己联系最紧密的人，观察他们的脾气、欲望、激情、能力、品质。为了他们的利益，也为了同胞的利益，年轻人应学会理智地对待他人，根据在他人身上观察到的所有积极或消极的性格进行自我提升。

这种做法会产生积极的影响，使他们免于犯旁人犯过的错误，学习其他人表现出的优点，保护自己免受危险与痛苦，同情人类的弱点和悲伤，给予自己愉悦而欢快的慰藉。

对生活中各种事务的认识，必须作为审慎的主要基础之一。这类细节如果讲下去可能会没完没了，但是，年轻人应该用特别的方式认真了解与他们最密切相关的事情，与自己的责任和义务、利益和福利直接相关的事情。无论是普通人还是有着强烈宗教信仰的人，如果某件事情与最重要的工作互相矛盾，那么忽略它，不在这件事情上浪费时间和精力也是一种宝贵的智慧。

所罗门告诉我们，天下各样工作、各种目的都需要时间与判断力。一个聪明人能够辨明时机并做出判断，也就是说能够很好地判断要做什么和什么时候做，如果一个人不知道做事的时机和怎么做判断，那么他就会感到痛苦。

谨慎意味着在每一个新的场合都能很好地判断该说什么、做什么，什么时候保持安静，什么时候该活跃，该避免和追求什么，在每一个困难时期该如何表现，怎样才能达到目的，在生活的每个情境中该如何表现，如何获得他人的青睐来提升幸福感，并根据我们所拥有的地位和机会尽可能地做善事。

第 26 章　生活的装点与成就

教育的最后一部分是指导年轻人在生活中获得一些有益的装点和人生成就，这被囊括到了良好教育的理念中。

英国过去的习俗是，中产阶级或普通民众如果计划让子女从事贸易和制造业，就把他们送到拉丁语学校或者希腊语学校。在那里，孩子花费四五年学习许多奇怪的词汇，而这些词汇对今后的工作毫无用处。当毕业的时候，他们通常会忘记学到的东西，从这种学习中得到的主要优势是在遇到困难的英语单词时，能更好地拼写和发音。然而，这种拼写技能有可能在更短的时间内，以更快的速度通过其他方法获得，不仅能节省时间，还能取得更好的效果。

至于那些享受着更丰富的生活的人，他们的儿女可能会为了一些对于自身地位来说更有价值的目的去学习拉丁语和希腊语，尤其是那些打算学习学术性专业的人。

现在无论男女都推崇法语。如果有足够的时间，也有良好的记忆力，我不会阻拦他们学习法语，有几本用法语写的好书值得我们细读。现在英语中有许多词汇借用和衍生自法语，也有一些来自拉丁语和希腊语。英国的绅士学习这些语言并非不合适，他可能因此更了解自己的语言。

但我想补充，如果人们想对法国有很多了解，或者有机会在法庭或城市中与法国人交谈，或者计划出国旅行，那么法语是一门必备的语言。然而在其他方面，有很多法国作家的珍贵作品被不断地翻译成英文，因此不必经历很多困难或者付出很大的努力去学习法语。

我倾向于相信，除了上面提到的情况，很少有人能得到与付出的劳动相应的回报。至于那些计划与其他国家的人交流的人，他们必须学习这些国家的语言，我认为习得这些语言不是他们的成就，而是他们生活中该有的部分。

简而言之，相比埋头钻研外语，年轻人更应该以得体、礼貌和优雅的方式熟练地使用本国语言，这是一件更有价值、更加重要的事情。因此，应该提高对外来词的认识，经常与礼貌且优雅的人交流并阅读文雅和优美的书籍。

年轻人，无论男女都应该对逻辑略知一二，这样就可以获得清晰的思考，根据理性和事物的本质来做出判断，消除幼稚、习俗和情绪带来的偏见，对任何问题都能进行严密而公正的辩论，并能用恰当、简便的方法将观点表达出来。

数学知识也是必要的，学习数学并非没有真正的优势。

有许多数学知识令人赏心悦目,年轻人在学习这些知识的时候,一定会感到愉悦。

在算术方面,除了商人必需的会计常识,还有许多优美的规则,而一个绅士不应该对这些知识感到陌生。如果他在这方面有天赋,了解代数没有坏处。年轻人无论处于何种地位都应该有一定程度的代数知识,通过这些知识,有经验的人可以运用简单的推理规则,探究最深奥、最难以企及的问题,并借此找到问题的答案,而乍一看这些答案似乎难以为人所知。几百年前,正是因为人们缺乏对数学更广泛的了解,优秀的代数家和几何学家才会被认为是魔法师,人们甚至请求他们帮助寻回丢失的马和失窃的物品。

人们应该了解几何知识,至少要懂得各种线、角、面和立体的性质,如何测量角度,以及各种图形的实际应用和计算。如今的数学知识如此丰富,在当今的日常写作和谈话中被频繁使用,其频率远远超过了以往任何时代。此外,如果没有这方面的知识,我们就不可能在勘探、测量、地理和天文等方面取得进展。这种知识对于受过良好教育的人来说,是非常有趣和有益的。

地理学和天文学是非常令人愉快的学科。在这个时代,对天空和土地的认识十分必要,不论男女,一个人如果不了解这些知识,就不会被认为是受过良好教育的人。在我看来，即使是普通的商人和演员，在年轻的时候也应该学习这些科学，而非徒劳地用大把的时间学习希腊语和拉丁语。

对于人类来说，了解自身居住的地球及其周围的星体是有益的，也是令人愉悦的。至于那些自认为更胜一筹的年轻人，则有必要去了解关于陆地和海洋的知识，了解主要的城市和国家的具体位置。这样，在提到哥本哈根的时候，他就可能避免出现严重的失误和暴露自己的无知，曾经有一位绅士认为哥本哈根是某位荷兰指挥官的名字。如果没有这些知识，我们就无法从阅读历史中获益，也无法理解常见的信息。

我们有必要了解一些天体以及它们运动和旋转的周期。过去我们可能了解了时间的计算、古老国家的历史，以及日夜和冬夏更替的原因、月球和其他行星的外观和位置，这样就不会对月食或所谓相应的预兆感到恐惧，也不会因一颗彗星而人心惶惶，更不会因为看到太阳被黑暗笼罩，满月失去光芒，就感觉到国家处于危险之中，或者世界已经走到了尽头。了解一些天体知识不仅能增加理性，防止我们产生愚蠢的恐惧，而且能够愉悦心灵，通过研究伟大自然的作品，在其惊人的庄严和不朽中了解最高尚、最有意义的思想。

应该教授年轻人自然哲学，至少是它的总体原则和基础。这是对我们理性本能非常鲜明的修饰，而理性本能倾向于探究事物的原因和现状。年轻男女经常会参加哲学实验课程，并能收获不小的乐趣和进步。通过现在流行的理性学习和对自然的认识，人们可以更好地了解人生以及生活中的事物。

学习历史是年轻人的另一种成果，是教育的另一种点缀。对国家各种事件及对部分人生活的描述，能愉快地进入年轻人的脑海。这些描述能够在头脑中及时地形成一个知识宝库，从中获得有用的观察、推论和行为准则。在适当的时候，我们还可以把故事复述一遍，使朋友愉快相处，使我们的陪伴对他人来说更加有益。

在一个提倡礼貌的时代，教育如果没有诗意，也不能被称为高品质的教育。

虽然我把诗歌知识作为年轻人教育的适当点缀，但并非推荐每一位年轻人都进行诗歌创作。有一句古老的谚语："诗人是天生的，而不是锻炼出来的。"虽然我因为无心的喜爱违背了这句话，在前几年尝试过创作诗歌，然而有时会后悔花费了短暂生命中这么多时间来写诗，所以不鼓励其他人也这样做，除非他们天资出众，能以这种方式找到一个难以舍弃的爱好和灵魂偏好，让它成为消遣，而不是一桩生意。

因此在这里向受过良好教育的人提一个建议，要了解好的诗句。在这条忠告中所要表达的全部意思就是去阅读最好的作家的作品，学习、品味、感受一首优美的诗节，去聆听、去珍藏备受尊敬的作家的某些丰富的情感和表达。

诗歌并不是一种心灵的娱乐或无用的饰品，它用千姿百态的形象来照亮和激活想象，用伟大而崇高的情感和高雅的思想来丰富灵魂，用高雅的语言来充实记忆，用适合于任何主题的演讲和表达来丰富语言。它教我们如何把一切都描述详尽，勾画得栩栩如生，如何把大自然、罪恶和美德这一切令人愉快的或可怕的场面，用特有的魅力加以修饰。它帮助我们学习说服的艺术，引导我们学习一种伤感的演讲和写作方式，为交谈增加生机和美丽。

曾经有多少次，我们重复默念一位伟大诗人的诗句，来给生活中暗淡的时刻镀上金边，使坎坷和痛苦变得柔和？在诗歌的色彩与和谐之中，我们的感官和灵魂有时从孤独中得到甜蜜的享受，有时用音乐和绘画来款待朋友，能愉悦所有人。

但诗歌还有一些更崇高的力量。它将我们濒死的宗教精神提升到天堂般的高度，并在心中点燃神圣的爱与欢乐的火焰。如果虔诚的诗歌能够同记忆一起储存起来，我们就永远不会因为神圣的冥想感到困惑。诗歌最初是奉献给神殿的。摩西和大卫完美地运用了诗歌。

现在是时候谈谈人类本能赋予的一些能力了。第一个也是最接近诗歌的就是歌唱艺术。这是自然之神赐予人类的最迷人的一份礼物，是为了给我们带来慰藉，减轻痛苦，增加欢乐。有音乐和声音天赋的年轻人应该接受相关教育，以便获得这种令人愉悦的艺术。遗憾的是，一些年轻人歌唱的歌曲带有情色色彩，而且有些歌曲还被玷污了。没有积极的天才伸出援助之手，将音乐从它所处的窘境中拯救出来，使它发出更高贵、更优美的旋律吗？这不仅仅关乎歌唱。

各种风与弦的和谐都曾在对神的崇拜中使用过。可以肯定的是，在日常生活中使用它们并不违法。但是，如果声音能够很好地表现艺术，那它就比人类制造的所有乐器都要好。给诗歌谱上高尚而纯洁的曲，用优美的嗓音去吟唱，灵魂同时享受着虔诚的性情，而感官与灵魂的享受是统一的。有光明和谐的体质、虔诚的灵魂、愉快的精神，并享受神圣旋律的年轻人是多么幸福啊！他频繁地超脱低级的世界，超越感官和时间的领域，成为幸福生活的一员。

接下来，我可否将素描和绘画作为文雅的年轻人的娱乐活动呢？如果有天赋的指引，那么绘画作为一种高尚的娱乐活动，能提高人们的心智。如同诗歌，人们在这方面也有天赋。让有天赋的年轻人学习素描，至少能习得对艺术的品味和欣赏各种风格画作的能力。这将是一种巧妙而优雅的收获。理查森先生（Mr. Richardson）的《论绘画理论》

(*Essay on the Theory of Painting*)是我所知道的关于绘画理论最好的一本书，它能使年轻人对绘画有一个大致的了解。

现在可以将击剑和骑马列为年轻人的一项成果。这些都是有益健康的运动。我认为跳舞是一种时尚的才能。这是一种有益健康的锻炼，使年轻人在同伴面前仪表得体。如果能很好地防范所有可能伴随舞蹈而来的诱惑，那么它对于达成某些好的目标是有益的。舞蹈过去常用于宗教和世俗的欢庆。年轻时练成优美的仪态无疑是一种优势，而学习舞蹈可能会对此有益。

在娱乐方面，父母的要求可能会相对宽松，然而要通过必要而适度的约束来管理孩子的喜好。

在所有的成果中，最值得喜爱的是得体且令人愉悦的行为、温和自由的言论、柔和优雅的演讲方式、优雅可爱的举止、愉悦的吸引力、良好的幽默感、能够在人生的波动中保持平静的头脑，再加上符合场景的庄重与严肃、对伤害的原谅、对诬蔑和诽谤的仇视、良好沟通的习惯、令人愉悦的仁慈、随时准备做好事、对悲剧的怜悯，以及神态和表情自然真挚。

只要在残酷与不幸中保持清醒、冷静，有幸获得美好品质的年轻人就能够在生活中得到赞许与爱，轻松愉悦地度过一生；当身体长眠于尘土中，他们能留下美名。

第 27 章　防范人与事物的负面影响

尽可能地保护儿童，确保其不受任何人或事的不良影响，也是良好教育应有的内容。我将通过具体事例对此进行详细说明。

不要让保姆或家人向孩子灌输愚蠢的故事和毫无意义的歌谣，因为其中有许多东西都非常荒谬和可笑，难登大雅之堂。年轻人的想象力会因为这些内容受到蒙蔽和欺骗，理性受到严重的滥用，这种方式会使他们容易受到愚蠢和胡言乱语的蒙蔽，无法锻炼理解力，而理解力是人类天赋的荣耀。

不要让周围的人给孩子们讲玄乎的故事——关于女巫、鬼魂、魔鬼和邪恶的幽灵，或者黑暗中的怪物和妖怪的故事。这些故事会惊扰他们幼小的心灵，并产生极其有害的影响，会使他们在成长过程中产生根深蒂固的恐惧，导致他们不敢独自一人待在家里，尤其是在夜里。这些故事会使他们在幻想中留下深刻的可怕印象，使他们的灵魂、精神过早地变得怯懦，这种可怕的印象会与他们一同成长，并可能与宗教信仰混杂在一起，为他们埋下忧郁和分神的祸根。让他们在更加坚强的年龄了解这些信息，他们就能更好地判断故事的真实性。在他们不明白有多少是传说和虚构之前，不要讲述这样的故事。

也不要在孩子们三四岁的年纪就让他们了解恐怖而血腥的历史，了解屠杀、殉难、砍劈和焚烧、恐怖和野蛮的谋杀者的形象，以及铁架和烧红的钳子、折磨和迫害的机器、血肉模糊的四肢和血淋淋的尸体，以免吓到他们幼小的心灵。在变得更加坚强的时候，他们有足够的时间去了解人性中的疯狂和不幸。所以没有必要这么早就把忏悔者和殉道者的历史摆成可怖的形状，涂上最可怕的颜色呈现在他们面前。等他们年纪再大一点，就可以很好地认识这些事情。

愿他们的耳朵永远远离一切狂妄的故事和邪淫的歌曲。远离有多重意思或邪恶意图的谜语和双关语，不要让他们读荒唐的笑话或情色小说，应该花费一些精力移除所有语言或者思想不纯洁的书，防止它们玷污了孩子的审美与想象力。当然，那些不雅观、丑陋而又低级的图片也不应该出现在他们面前。这些东西往往会产生不良的影响，腐蚀人们的思想和行为。同样需要清除的还有战争中的不幸，不应该让孩子接触到这类书和影像，以免他们在生命的早期留下过于深刻而危险的印象。他们应该看到或听到的只有纯洁、朴素、天真的东西。即使是给孩子讲述自然现象或者动植物的特征、习性，也应该用最浅显易懂的母语。在这方面，正如诗人所说，孩子应该受到极大的尊重。

解剖学及其他的科学书籍都应该适当出版，年龄合适的人可能会参考这些书籍，尤其是有职业需要的人。成年人有必要了解一些社会上的恶劣事件的表述，如果有人犯下了丑陋的罪行，就应当公开罪行，成年人不该对此充耳不闻。只要人类存在，这些事情永远不可能避免。但是，孩子却没有必要知道过早地这些内容。

父母应该尽可能用心地为儿女选择朋友和玩伴。有些孩子可能情绪激烈，言语粗鲁，在学校生活、学习的孩子，如果能够杜绝这些孩子带来的负面影响，就是一件值得庆幸的事情。学生不在父母身边时，教师应该严格、仔细地要求他们的行为举止，如果可能的话，最好所有人的语言都是干净纯洁的，因为一只患病的绵羊可能会感染整个羊群。然而，如果孩子们发现同伴有任何这些不道德行为，应该表现出最大程度的厌弃，并迅速与他断绝来往。

第28章　孩子的运动及娱乐

父母应该注意让孩子正确地学习与劳动的同时，也不应该忽略运动与娱乐。尤其是在年幼的时候，孩子还无法专心于工作、学习或劳动，所以必须给出一些时间供他们娱乐，使孩子放松心灵，重新活跃精神。长时间紧张地集中于某一件事很容易使年轻人的精神过度疲劳，削弱活力。关于这种情况，有一个古老但恰当的比喻："一直紧绷的弓会逐渐变得无力，并最终完全丧失力量。"

学习和娱乐的交替，能够使孩子的身体和精神都保持在良好的状态。经过愉快的放松后，学习时精力得以更加集中，年轻人能够以新的活力投入工作，工作也会完成得更好。

我确信，如果孩子们参与的学习与运动都得到恰当的安排，即当孩子对一种活动感到厌倦时，可以进行另一种活动作为放松或消遣，这是大有裨益的。如果孩子喜爱阅读并希望借此提升思维，那么，诗歌、历史、艺术和自然等书籍，以及机械知识、数学知识的巧妙实践中都蕴藏着乐趣。

<u>阅读的确是最幸福的事情，这种享受是自然的恩赐。</u>父母可以通过明智的引导来训练孩子，使他们喜欢知识，并选择这种类型的活动，尤其是在冬夜和雨季这样无法享受户外娱乐的时候。但是除了这些，几乎所有的孩子通常都需要一些其他类型的运动。

在某种程度上，孩子想要进行哪些运动应该由自己选择，这样他们活动时会感到快乐，但他们的活动仍然要在父母的<u>监视和谨慎的监管</u>之下。如果他们在某种体育运动中语言污秽，使用恶劣的名称，违背谦虚、正派和干净的规则，那么孩子就不应该沉溺于此类运动。

<u>凡违背法律和道德的行为，都应避免。</u>如果其中有哄骗、欺骗、说谎的行为或允许这些行为的，也不应该让孩子参与这样的运动。即便在游戏中，孩子也应该保持诚实、正义和善良。

有一些运动可能会导致孩子精神不安、身体受伤，或对其他人造成伤害，应该禁止此类活动。这应该是野兽的游戏，而非孩子的游戏。

有一些娱乐活动野蛮而残忍，即便是针对动物的，孩子也不应该参加此类活动。他们不应该用棍棒击打公鸡，然后将其扔在水里；也不应该以折磨、虐杀被抛弃的小猫小狗为乐。孩子也不应该通过刺死、切割和碾压幼鸟来寻开心。<u>不应该对任何生物做出如此残忍血腥的行为</u>，以免孩子变得铁石心肠、冷酷无情。否则他们可能会在同类身上实践这种残忍的行径，谋杀和折磨同胞，或者至少对同胞的痛苦与危难漠不关心，能够毫无悔意地将同胞带入痛苦与危难之中。

刻苦学习的孩子应该尽可能多地进行户外活动，锻炼身体，使自身充满活力。但是，正如我前面提到的，在非常恶劣的天气中，或者在漫长的冬夜里，孩子应该学习一些可以使他们保持清醒或提升他们智力的室内消遣活动。

一些家庭会下跳棋和国际象棋，以及在棋盘上进行其他的小型活动，不设任何赌注或者期许什么收获，游戏本身的乐趣就超出了胜利的喜悦。在其他的家庭中，由于没有更好的娱乐方式，纸牌和骰子成了选择。跳棋和国际象棋是无害的娱乐，当身心不适合工作的时候，能够消磨掉一些沉重的时光；至于纸牌和骰子，由于经常用于赌博，明智又虔诚的先人们对其进行了普遍的谴责，它们给人类带来了许多不良的后果。事实上，如果不用于赌博，人们有时不愿意玩这种游戏，赌注往往比这种娱乐本身更能激发激情。

我常常希望除了这些游戏，还能发明出更加有益的运动，可以在漫长的夜晚、沉闷的时刻或雨季供人娱乐。由于缺乏这类有益而能够提升能力的娱乐活动，我相信如果在数学和游戏方面，有人能够设计一种老少皆宜、不分性别的游戏项目，必定会得到很好的评价。难道就不能做几块可以教人们语法、哲学、几何、地理、天文学等方面知识的小纸板来替代纸牌吗？

如果在这些纸板或图表的一面写上一个城市的名称并进行描述，而在另一面写上它所处的国家、省份以及地理或历史上的注释。玩游戏的人不管是谁，只要抽到了画着城市的图表，就必须告诉大家这个城市在什么地方和它的注释。这样的游戏怎么样呢？

如果一面是几何图形，另一面是对它的某种性质的证明呢？

如果一面写着纸币的面额，另一面则全部乘以9位数或12位数，结果会怎样？这种方法对那些即将被培养成商人的孩子很有益，不是吗？

如果将植物、动物或任何其他自然或艺术事物的形象印在一面，另一面印上事物的名字呢？要求年轻人看到这些形象时，正确将它们的名字拼写出来，这是为了学习拼写的技巧。如果再加上最好诗人的优美表达或对事物的描述，并让拿到画有这个图形的卡片的人加以重复呢？

或者，如果一面是英语单词，另一面用拉丁文、希腊语或法语为学习这些语言的人表达同样的东西呢？

或者，如果一面写上著名的人物的名字，反面是包含这些人物的历史，或者关于这些人物为何如此著名的简短说明呢？

在一张纸或一本两便士的书中写下一百个从古至今的道德主义者中收集的谚语、名言，这些谚语涉及所有的美德和恶习，并且添加上关于这些美德和恶习最有代表性的例子。如果用木头做成一个或多个十六、二十或三十二个平面的立体，在每一面都刻上一个美德或恶习的名称，通过滚动这种多面玩具，最上面的单词或名称就表明参与游戏者需要说出什么谚语或什么样的例子。如何呢？

我承认，目前已经出现了几种卡片，上面有各种谚语、已知的图形和数学知识。但是据我所知，卡片上也仅仅是印着心形和钻石形状的装饰图案罢了。这些已知的玩具和图形在游戏中不起任何作用，卡片仍像普通卡片一样使用，没有对任何一个游戏玩家产生认识上的提升。我的建议是将这些单词、数字或句子作为这项活动本身的工具或动力，而不是像这样仅仅在图片或硬纸片上绘制出黑桃、梅花、心形或菱形。

娱乐如果能够巧妙地加以设计，可能不仅适合孩子，也会给成年人带来乐趣。

因为对各种游戏一窍不通，所以我既不适合设计，也没有能力发明这种有益的游戏；但是，我希望有聪明才智，并且有科学和美德的人能够尽心为人类做出这样的贡献。父母应该为子女在休闲时间搜集一些愉快的游戏或娱乐，这样孩子能够更容易在现代流行但危险的游戏面前保持克制。

提到危险而流行的娱乐活动，就不能不提午夜集会、游戏室、赌桌和化装舞会。<u>如果父母希望看到孩子走上虔诚和美德的道路，就应该尽力防止孩子受到这些极具诱惑力的娱乐活动影响</u>。对于许多有才能的青年而言，良知在那些虚荣、愚蠢的场面里就已经暴露于巨大而迫在眉睫的危险之中，更不必说其他更糟糕的场景了。

我的任务并非斥责他们，但必须承认如果经常参加此类活动，他们就是在拿自己的品格与无辜去冒极大的风险，将美德暴露于强烈而害处极大的诱惑之中。至少应禁止他们出现在这类地方，如果有些人因面对诱惑而走上歧途，父母就会变成这类人的帮凶。

然而对于许多无知的年轻人来说，其中的消遣和娱乐极具吸引力，只要能满足听觉和视觉上的刺激，满足闲散而虚荣的爱好，他们就会认为值得冒险。因此这些游乐场经常门庭若市，剧院里挤满了人，赌桌前围满了人，而他们的父母曾经接受的却是更加严格自律的教育。

一些父母虽然收入微薄，却在这些危险的娱乐活动方面满足孩子，并且不愿意尽力帮助他们摆脱这种有害的行为。

这个时代的孩子也许会傲慢地说："这是什么逻辑？我们必须籍籍无名地活着吗？我们非要再变回清教徒吗？我们必须像个傻瓜一样站在人群里，只有枯燥的演讲、说教，没有戏剧、歌剧和化装舞会，或纸牌、骰子和午夜集会之类的消遣吗？"

对此，我的回答是很遗憾，对于将此类事情当作主要话题的人，孩子会选择并喜欢与他们为伍。如果在访问室中这些谈话成为主要的娱乐活动，即使是关于人生最有用、最有价值的话题，也无法让孩子从中受益。

但是，就这些无礼的问题我会一一加以考虑。你首先问："我们必须像个老清教徒一样吗？我们必须籍籍无名吗？"不，朋友，我并非在说服你回归祖先的习惯和外表，也不是用几十年前的模式来限制你的社交和娱乐。

每个时代都有特定的流行趋势和表现，谈话和行为方式在一生中不断变化。对于人们来说，只要清白无罪，对道德没有任何负面影响，跟随当前的风俗变化并非不恰当的事情。但是，如果负面的风俗肆虐，侵袭诚信，损害德行，打破家庭的良好秩序，通常会伴随着有害的后果。在这些情况下，像清教徒一样遗世独立，当然要好过跟随大众走上通往罪恶和有害的道路。

此外，如果有家庭信奉宗教，希望保持对宗教的虔诚，并将这种虔诚世代传承下去，他们会坚定地联合起来，坚决禁止这些有害的娱乐活动。你们当中任何一个人都不必独自面对，也不会是唯一一个站在美德这一方的人。你们可以用群众的勇气激励和支持彼此，并且美德与你站在一边，可能会在某种程度上抑制邪恶和淫荡时代的肆无忌惮和嘲讽。

在这个时代，喜剧、假面舞会、赌桌和午夜集会都变成了时髦的娱乐方式。但是这些娱乐方式有什么罪过吗？那么，请继续往下看：

让我们从剧场开始。当然，戏剧性地再现人类生活的事件，本身并不是罪恶的。我倾向于认为，这类有价值的作品可以用天真的快乐，甚至是真正的利益来取悦善良的观众。

这类作品都是用法语写的，在过去也曾得到满堂喝彩。但是众所周知，出现在舞台上的喜剧和大多数悲剧，都没有将美德置于聚光灯下，也无意引导观众憎恨罪恶。在许多作品中，虔诚是荒谬的形象，而美德则套上了愚蠢习惯的外衣；行为不端者则成了优雅的绅士和诗人笔下的宠儿，在戏剧的结尾他必然会得到回报。[①]

此外，在剧院里没有一个剧目不掺杂着爱情的勾心斗

[①] 此处及以下描述的是英国十七、十八世纪戏剧的普遍状况。——编者注

角；在一些场景中淫荡本身就占主导地位，并引发了骚乱；在那里清醒完全不受欢迎，谦逊也有一定危险。幻想完全被玷污了，空虚的形象在灵魂中浮现。

如果能找到两三个勉强没有淫秽和亵渎成分的剧本，那么就会有几十或几百个剧本中有许多毫无理由的可憎章节。尽管所有迷人的诗歌和音乐、华美的场景同时冲击感官与灵魂，将美德驱逐出心灵；然而这并不能长期保持它们的位置和力量。他们自己的预言家在法庭上的话，可以更真实、更公正地评价戏剧：

这是个华丽但致命的圈套，
建立在魔法的裙摆和无数的恶魔之上，
用纯洁无瑕的样子诱惑无辜的人，
从舞台的中心召唤早熟的品德。

城里还有一位诗人并不假装拥有美德，也很了解戏剧的性质和负面影响，因此他这样写道：

追踪所有罪恶的过程永无止境，
而剧场正是罪恶诞生之地。
一本经久不衰的杂志。

将虚荣心和罪恶带到这片土地，
而它长盛不衰。
无数人因此一蹶不振，不论老少；
数百灵魂现在得不到祝福，
而其他人则在平静中逝世，得享永远的安息。

我希望所有还没有认识到这一点的朋友，去阅读科利尔先生（Mr. Collier）、贝德福德先生（Mr. Bedford）、劳先生（Mr. Lawe）关于这个话题的作品：尽管我将用一切方法证明并支持这几位先生的每一句话；但我认为每一个灵魂谦逊、虔诚，将美德珍藏在心的读者，都会害怕在剧场出现，唯恐受到刺激，唯恐被人认为他鼓励这种犯罪和亵渎的动机。要是他只到那儿去一次，看看究竟是怎么一回事，我想他不会经常光顾会污染思想的剧场。

但是你可能会说："从这些娱乐活动中也能得到益处，戏剧中有一些优美的语言，谈话间有时尚的气氛；剧场中呈现了很多生活的蠢事，这些事情不适合展现在其他更庄重的地方。喜剧会教我们认识世界，避免时代的嘲讽。"

但是，那些愿意提高对世界和礼仪之认识的年轻朋友们应该记住，无论在这些危险而充满诱惑力的虚荣场景中得到了什么，都会丢掉更多的东西。即便学习优秀的演讲和流行音乐，或纠正尴尬和不时髦的行为也永远无法补偿美德上所冒的风险。这种行为无异于为了洗去外套上的一点污渍而一头扎进大海，或服用毒药来治疗皮肤上的小疙瘩。

此外，大多数甚至所有的益处都可以通过阅读最好的剧本来获得；我承认在推荐这种做法时很谨慎，因为我认为这个时代几乎所有的戏剧作品中都含有一些危险的成分。短篇散文集《旁观者》（Spector），能够使我们对世界的运行方式有充分的了解，帮助我们摆脱许多小错误，同时不会像观赏戏剧一样带来危险。不过在这几卷书里，我衷心地希望能忽略其中对舞台评价过高的部分，尽管很少，但偶尔也会在严肃的美德面前插入一句让人面红耳赤的话。

下一个应该禁止的娱乐活动是假面舞会。根据我听说的所有描述，假面舞会似乎是一种非常低级而愚蠢的游戏，适合儿童和天资有限的人，而这些人玩捉迷藏都能自娱。

由于这种娱乐方式可能比戏剧更加卑劣，所以它对美德和纯真的危害更大。它并不像戏剧一样假装对思维有任何的提升；它为谦虚创造了一个更可怕的陷阱，并且对那些频繁出现在假面舞会上的人的道德进行了惨烈的侵害。我认为所有自称拥有美德的人都会克制自己，远离危险的诱惑。一位受人尊敬的绅士曾说过：

"在堕落的一代创造并维护的各种罪恶和亵渎的动力

中，我必须特别注意假面舞会，因为它使美德失去了最后的避难所、羞耻心。<u>羞耻心使许多罪人在打破了所有的原则与良知的束缚之后，仍能保持体面</u>，但假面舞会让人们摆脱了羞耻心的束缚。要保持美德、体面和良好的举止而不允许在其他任何地方说的话、做的事，在那里说或做不是最好的，也不是最坏的选择。所有道德感强的人都会认为他们是具有腐败思想和不良倾向、放弃了所有伪装、沉迷于奢侈的人。

"尽管这个世界不尽如人意，名声对于人类来说仍然是一个非常沉重的负担。尽管人们竭力想要控制恶习、不露破绽，但它还是渐渐显露出来，使人们蒙受耻辱和轻视。但假面舞会这种有害的发明使得罪恶和亵渎对抗羞耻心；无论做了什么行为，无论在言语和行为上犯下了什么样的吹嘘、轻浮的错误，也没有人会因此名誉受损，同样没有人为此负责。这对美德和良好的举止来说是糟糕的后果。

"如果假面舞会重现——尽管衷心地希望它不会发生，我们将努力提醒朋友和邻居，反对这种致命的陷阱。尤其是那些受过教育的人，应该格外小心，使他们远离这种危险的诱惑，然后努力防止这种诱惑的蔓延。

"我必须说明，抛开所有宗教因素，没有一个真正的英国人应该喜欢这种娱乐方式。只要他记得这种娱乐方式是邻国的大使在上一任君主统治时期带到我们国家来的，而邻国国王正想办法奴役我们；要奴役一个民族，没有比先用放荡和柔弱消磨他们的意志更有效的办法了。"

这位绅士是一位可敬的作家，他对压制这些极具诱惑力的娱乐活动的热情引人注目，令人尊敬。

第三个危险的地方是赌桌。有许多年轻人经常出现在那里，并被骗走了大笔的钱，而那些钱原本是用来支持他们体面生活的。在赌馆里，年轻的小姐受到引诱，挥霍掉大部分的零用钱，甚至挥霍掉父母一生的积蓄。

无论男女，赌桌都是致命的陷阱；如果赢了会被引诱着继续赌，而他们认为幸运之神总是站在自己一边；如果输了，就会被引诱着一轮又一轮地掷骰子，被一种虚幻的希望诱惑，继续进行下一轮，希望命运好转，借此赢回失去的一切。在这种情况下，激情可耻地高涨起来，对利益的贪婪使他们变得热情而急切。

甚至，有些体面的小姐和夫人也会坐到赌桌上来。人们观察到，一位女士因为赌博失去好名声，有时甚至是更有价值的——美德和荣誉。

如果这些都是赌博惨淡而常见的后果，那么损失一点钱是你所受伤害中最小的一部分了。

想想吧，那些经常去赌博的人浪费了多少时间和生命。想想赌博是如何把许多年轻人从本职工作中吸引走的，赌博诱使他们抛弃那些属于自己的东西，冒着物质受损和惹得父母、上司不快的风险，冒着所有不确定的危险，去满足自己的侥幸心理和心灵的放纵。

午夜集会是最后一种时髦而危险的消遣。在这种消遣中，年轻人被过分的虚荣心吸引，沉迷于声色享乐。而这段时间，一部分应该奉献给家庭，一部分应该拿来休息。

人们认为，年轻人应该沉迷于一些娱乐活动，这些娱乐活动应该与年龄相符，这是适当而必要的。但是我想问，午夜集会是否意味着娱乐生活的伟大且唯一有价值的目的——让我们从生活的疲劳中解脱出来，让我们的精神振奋起来，从而让我们履行生活职责呢？午夜集会是否适合我们履行家庭职责呢？

也许有人会说，在这些集会中练习的舞蹈是一种有益于健康的运动，因此集会是使我们适应生活职责的一种手段。但是，在不合时宜的午夜时分运动，不会妨碍和抵消锻炼可能带来的好处吗？难道自然的健康应该通过改变自然的季节和秩序来得到提升吗？跳五六个小时的舞，冒着午夜的寒冷和潮湿回到家里，这是一种保持健康的适当方法吗？或者更确切地说，这种方式不是更有可能损害健康吗？人们没有经常感觉到这些致命的影响吗？

那些午夜的娱乐活动不适合我们履行公民生活的职责。

家庭中正常的规则和秩序被打破；当夜晚变成了白天，第二天的大部分时间就变成了黑夜，这种颠倒的生活是在妨碍人们履行自己的责任。

让我们进一步考虑一下，人们在午夜集会上都和什么样的人交往？是智慧虔诚的人，还是虚荣邪恶的人呢？他们是否倾向于向你灌输完善的观念，和你进行恰当的谈话呢？常去那里，难道没有发现你的虔诚有危险吗？在那些欢乐、愚蠢，且华而不实的夜晚之后，你能弃绝各种恶事，避开诱惑的邪路吗？你会为自己参加午夜集会而祈祷或祝福吗？

你也许会辩解说，这些事情中有一些是适合提高年轻人的良好教养和礼仪的，他们必须进入人群去看世界，学习如何举止得体。好吧，假设这些集会是礼仪学院，年轻人在那里听修行教养的讲座。难道没有其他比午夜更合适的时间来磨砺青年男女，使他们成长得更好吗？一些人在适当的时候，安排一两个钟头，大家带着纯洁和喜悦聊天，这样行不通吗？就没有能够在白天学习高雅的娱乐活动和行为的课程吗？没有其他方法可以改进良好的教养，保护孩子免受诱惑和不便吗？就不存在其他娱乐方式，比它更无害、更纯洁、有更好的声誉，而且对个人和社会、公民生活的职责的侵犯也更少吗？

可否再问一下在午夜舞会上，舞会开始前或结束时都做些什么？那些不跳舞的人有哪些娱乐？他们不参与游戏吗？打牌不是这个时候的娱乐吗？难道孩子不正是通过这些方式热爱游戏的吗？他们不会在这种有害的娱乐活动中得到享受吗？如果游戏不值得鼓励，而这是午夜舞会的主要消遣之一，那么集会还值得鼓励吗？

现在是时候结束讨论了。请读者原谅我把这个问题拖得那么长；因为对于那些无意从事这些罪恶和危险的消遣的人来说，在这个问题上谈得太多了；但愿我说的话够多，能对那些进行过这些游戏的人有益。

从整体上说，让孩子接受良好的教育，确保孩子在年轻时不沉溺于此类娱乐活动是父母的责任，因为这些活动可能会破坏所有虔诚的指导带来的积极影响，破坏对父母的关心。如果鼓励孩子参与这种娱乐，那么就和预防孩子滋长虚荣心并防止他们走上堕落、贪婪、邪恶的道路之意图南辕北辙了。

第 29 章　在男孩的教育中约束与自由的原则

脆弱和悲伤是人类的本能，这两种情绪随时会走向极端。当我们从一种情绪中恢复过来，就可能在无意间陷入另一种情绪当中。在现实生活中，这种情况数不胜数。但在任何方面，这种极端都不比一个世纪前父辈对子女的教育之苛刻与严厉，以及在这个时代孩子享有的丰富而无限的自由之间的极端更为显著了。

那时候，男孩子的成长过程会伴随着严明的纪律。他们每每通过阅读了解一位希腊作家或拉丁作家，而这个过程中会有一种或多种惩罚，这些惩罚迫使他们认识这位作家。即便最轻微的错误也不能逃脱惩罚，似乎父亲就是要通过杖责来证明他对儿子的关爱。

现如今，年轻人都必须经历一种愚蠢的爱，直到他长大成人；即使他犯下可耻的错误，变得极其执拗，老师也绝不能斥责孩子，以免他受到惊吓或伤害。人们已经完全遗忘了所罗门的建议，即"适当的纠正能够消除孩子内心的愚蠢"，否则他们就会大胆地违背真理。他们的行为规则仿佛与所罗门的话是相反的，不忍责打儿子，以为那样是摧残他。疼爱儿子的人，应该随时管教他。

过去，许多孩子缺乏独立性，过于服从父母，在父亲面前孩子不能坐下来，也不能说话，这种情况从1岁一直持续到22岁。即便是最低程度的自由，在人们看来也是胆大妄为，会受到强烈的谴责。而现在的孩子几乎从育儿室里出来的时候就成了父母熟悉的伙伴，因此，他们几乎无法忍受父母的任何责备。

从17世纪初直到中叶，孩子总是无条件地相信父母和老师教给他们的东西，不管是科学的原则，还是信仰和实践的准则；每一个人几乎都被束缚住，好像这是拯救灵魂的必经之路；他们不必费心思去检查或询问所学的东西对不对，也不知道自己基于什么理由认同那些东西。因为这是所有老师的格言，学习者必须相信——必须学会信任。或者亚里士多德的话就足以作为大学中不同主张的证据：一个25岁的人做选择的时候，只要看他父亲的选择就足够了。

但在18世纪，一个公正合理的自由学说更为人所知，大多数青年打破了自然和责任的束缚，得到了信仰与实践方面最大程度的自由。他们轻视父母的原则，而宁愿从虚荣的同龄人那里获得一些不实的信息，找到一个理由，就足以使他们一次性抛弃所有信条，放弃前辈们坚守的东西。

他们说："父辈的做法严格、愚蠢，我们不会采用这种准则；他们信仰的内容既荒谬又神秘，但我们不会信仰任何神秘的东西，唯恐自己的信仰和他们的一样荒谬。"他们对一些深刻的东西考虑得不足，却乐于嘲笑长辈和祖先，因为长辈和祖先坚守的是他们无法理解的东西。

然而现在的孩子却不记得，父母有义务培养他，直到他长到合适的年龄，能够独立、谨慎地做决定；他们不记得，或许也不知道父母照料幼小孩子的心灵，是受天性指引。孩子不能轻易做选择，除非经过深思熟虑，做出清晰的判断，对问题进行了彻底公正的研究、良知上的指示，或者有了父母的前车之鉴。

因此，这个国家的年轻人混乱而放肆。除非摆脱几乎所有施加在他们身上的束缚与枷锁，否则他们就会觉得自己一直承受着教育的偏见。

之前，儿子长到成年之前很少有机会离开家，女儿在结婚之前也是一样。现在，男孩女孩都能无拘无束地在喜欢的地方游荡，从十几岁开始不必告知家长就去流浪或去梦想中的地方旅行。一开始，父母对此视而不见，然而孩子认为这是他们的权利。

简而言之，上个时代人们相信他们只是孩子，并且用对待孩子的方式教导他们直到二三十岁；但这个时代给了他们机会在12岁或15岁就幻想自己已经是一个成年人。因此他们会对自己做全面的判断和管理，并且常常不愿意接受长辈的建议。

很显然，这两者是自由和克制的极端，如果根据理性和经验来判断，在这两者中，我们更应该选择克制一点的教育方式。

如果通过理性来决定，就能够很清楚地看到在重要的事情上，父亲来为15岁的儿子做判断，要比15岁的男孩自己做判断更加合适。

如果我们根据经验来解决问题，那么显而易见，当代人的父辈或祖父辈对待自己坚守的信条更加虔诚并拥有更多的美德，而即便子女和孙子辈中最优秀的人也难以望其项背。使用一个大胆的比喻，上个世纪美德的坚实成果要比现在更多；在我看来，这很大程度上是由于未对当今的美德进行修剪造成的。

即便如此，极端的限制和极端的自由之间是否存一种过渡？不增加混乱和放肆，年轻人的理解力就无法得到自由发挥吗？难道就不存在孩子对父母谦逊而温和地服从，而不会感到束缚的情况吗？就不存在某种合适的方式能够适当地限制年轻人的疯狂，但又不会束缚理解力和灵魂吗？年轻人难道不能既不忘记作为儿子的角色而又开始像男人一样行事，保持判断的完全自由，却不傲慢无礼，蔑视长者的意见吗？

难道就没有可能，父母愿意给予孩子适当的自由，孩子也享受适当的自由，不鼓励肆意妄为的行为吗？

答案是肯定的。在上个时代有一些幸福的事例，父母和孩子都走上了中间的道路，并在其中发现智慧、美德、虔诚与和平。阿加索斯（Agathus）就是以这样的行为准则培养了他的儿子们，使他们都成了榜样。

尤金尼奥（Eugenio）在他22岁时，就具备了男人应有的美德和正直，熟人都对他赞不绝口。事实上，他通过演说学习推理艺术；他和同龄的年轻绅士是好伙伴；多年来他都受到领导的尊重；尽管他并未接受父母在教育上的训练，但是对待母亲，他给予了一切所能给的温情；父亲非常满意地看到儿子比自己年轻时更出色，并承认尤金尼奥在30岁时会比自己更有作为。

如果你问良好的品质从何而来，我认为它们和人类的本性有联系。

根据孩子的年龄，给予适当的爱护与奖励。通过这种方式，孩子尚在襁褓时就得到了美德方面的训练。如果有轻松的方式能够对孩子起到同样的效果，就不要轻易疾言厉色地逼迫孩子。

当他的推理能力开始显现并发挥出来的时候，就被引导着以一种轻松的思维方式去发现和观察每一项义务的合理性,并且形成服从理性和父母意志的性格;每一次违背义务都是违背理性,这为他们的良知打下早期基础;良知自此开始行使职责,并根据行为,以平和或疼痛的方式命令、谴责和反思内心。如果父母发现这个内在的监测器已经在孩子的灵魂中工作,当他不在身边时,他们也可以相信孩子了。

当他能够感受到那个看不见的存在,父母就教导他要给予事物应有的尊重。在年龄允许的情况下,父亲的权威和关爱会引导孩子对权力、政府和美好的万物形成正确的思想。

他明白了,为什么冒犯父母应该受到惩罚,恐惧可能成为一种对自身有利的情绪,能够唤醒或保护美德;同时也明白了如果真心地为一个错误忏悔,并努力履行自己的职责,就可以得到宽恕。

年轻时,棍棒教育纠正过他的两次错误,一次因为他执拗地坚持谎言,后来在严厉的惩罚面前投降了,这种惩罚使他永远放弃了错误的观点;一次因为藐视母亲的权威,又一次忍受了这种责罚,他不想再经历下一次了。

他有时会深深地陷入对文学的喜爱中,将学习课程作为家庭任务的奖赏,将允许学习某些内容作为对他努力与进步的奖励。

他的记忆力不需要任何训练,但是要尽可能地首先通过一些合适的图像呈现,让他对所描述的事物形成概念,然后才可以用心学习这些词。

在学习的过程中，如果产生任何疑问，老师会将它暂时搁置，直到他以浅显的方式学完这个科目之后。为了解决疑问，他将所有的学科都学习了两次。

由于从小就惯于推理，所以只要在年龄允许的范围内，老师就指导他根据主题的性质，通过自然或道德论证来证明一切。因此，他通过自身的判断能力从推理论证中吸取了早期的学识，而不仅仅是记住从老师那里学到的知识。

他的父母确信，孩童时期就应该教育美德的原则和真理，直到能够通过自己的理性获取这些知识。

15岁后他对任何主张都不表示绝对的认同，除非看到这个主张的合理证据，他才完全同意。他清楚自己并非希望得到某些事情的数学证据，然而需要有正当合理的证据来加强和支持信念。如果真理太过崇高，人们无法理解，他们就永远不会把真理当作信仰。

老师从来没有带着居高临下的神气把任何事情强加给他，而是给一些建议，向他推荐一些自身长期以来赞成的研究和提升方法。他经常提醒一些观点的危险性，以及一些流行但错误的原则将会造成的致命后果。老师让他大致明白，在这个时代的不同意见中自己接受的观点是什么；在他所选择的原则中可以找到怎样清晰而全面的知识，怎样实现判断，保持心灵的平静和良心的安定；但是老师仍然告诫学生要为自己做出明智的选择，引导他在科学、公共事务中前行，用合理的推理规则构建观点。

虽然尤金尼奥并没有把想法局限于老师的意见，但他还是情不自禁地钦佩这个人，这个人引导他在自由的思想中翱翔，给了他绝妙的线索，使自己了解了知识、人类的秘密。因此，受这位谨慎的老师愉悦而润物细无声的影响，他沿着学习的道路前进，享受着做自己的老师并形成自己观点时难以言表的快乐。

通过这种方法，他很早就开始自由地运用推理，自己判断，不需要奴性地服从别人的权威。但是对长者和有经验的人，特别是那些在年轻时做出恰当而特殊指导的老师，以及在知识的道路上温和地带领他前进的人，他也给予应有的、严肃的尊重。

虽然他的特殊观点更加接近某些派别的意见，但他不喜欢被冠上任何派别的名字，他很聪明、大胆，不愿意盲从任何派别。对于一些在小问题上与他有很大分歧的人，如果他们能够保持必要的本分，他就不会将他们从交流中隔离出去，也不会把自己与他们隔离开来。

如果在重要的事情上与长辈有分歧，他就会以谦虚的态度告诉父亲，自己多么不愿意与长辈意见相左，但是基于论据和对真理的关心，他坚持自己的意见。这使长辈清楚地看到他受到内心信念的强烈约束。也许对事物有新的理解，但这并不是受到反对老师的放肆情绪的引导，也不是受到自由思想恣意的骄傲的引导。

他对人类的错误和愚蠢并不陌生，在没有保护与指导的情况下，他没有放松警惕。老师使他了解了古代人和现代人的严重错误和罪孽，也灌输了真理和美德的原则，并提供了判断准则，使他更容易区分好与坏。

他很早就被告诫要避开油滑轻浮的人，要分清玩笑和争论。

也许你会问，他是怎样在这么小的年纪就养成了男子气概，他身上的孩子气怎么这么快就被抹掉了。的确，除了其他方面的影响，这在很大程度上要归功于他母亲伊拉斯特（Eraste）的合理管教。

她经常去托儿所，并在童年时期激发他形成自己的观点，使他成熟许多。有客人时她可以利用这种机会将儿子带进客厅，不是用儿子的吵闹声、喋喋不休和无礼来招待他们，而是听他们的谈话，有时还回答他们的问题。

他长成年轻人后，经常得到允许和父亲的朋友一起进入房间，自由地询问问题，父亲的朋友也鼓励他说出自己的想法。当大家都走了，如果他表现得很好就会得到认可和表扬，或是收到暗示和劝告，让他知道什么时候太沉默了，什么时候太冒失了。

通过享受超越自己年龄和理解力的优势，他总是模仿更得体的行为，自身行为的过分和不足之处每天都能得到纠正。

新的视野与场景极大地满足了好奇心，只要方便，他常常这样做。这样，他就不会对新奇的事物感到惊讶和好奇。但是当他似乎开始沉溺于不必要的消遣时，就会被限制并尝到失望的滋味。如果他寻求任何有罪的乐趣，或消遣中伴随着极大的危险，他便被禁止。但这是以一种柔和的方式实现的，将消遣中狡诈或危险的部分暴露在聚光灯下，这些消遣展现出它的可恨、可怕，就不会成为一种愿望。

尤金尼奥第一次去国外时，谨慎的父母给他介绍同伴，或者自己选择同伴，这仍然在老师或者父亲的引导范围之内。老师与父亲不允许他与淫乱的人为伍，直到他的头脑中有了坚定的道德准则，直到有足够的知识来捍卫这些原则，并击退可能对信仰造成的攻击。因此直到20岁，无论何时离开，他都会向老师或父亲交代如何度过这一天，尽管老师和父亲并未要求他进行几个小时的远足也要正式请假。

然而，父母认为在他下定决心大胆地说"不"，坚决拒绝有害的消遣之前，让他安排自己的一天是不合适的，因为担心他会遇到难以抵挡的诱惑。

事先就有人告诉他，那些下流的人会怎样千方百计地与他攀谈，会怎样巧妙地利用他的好脾气大力地怂恿他。这让他时刻警惕，虽然性情温和，但他学会了在不合适且不安全的地方把它藏起来。通过交谈，他发现必须采取积极、大胆和坚决的态度拒绝一切可能危及人格和道德的主张。

尤其是他很快意识到拒绝会给新的攻击以勇气，使他容易受到新诉求的烦扰。因此，他把这一点作为不变的原则，只要理智认为任何行为明显不合适，他就会坚决拒绝，永远不鼓励任何进一步的恳求。这使他具有了男性的坚定，即使在那个时代，他也从来没有因为这件事而受到轻视。

起初，他认为这是一场幸福的胜利，他战胜了自己，可以不顾世俗的耻辱，在面对罪恶和不忠时决心成为勇于坚守原则的人。他发现克服这种愚蠢的耻辱的捷径就是立刻放弃它，这样的话，在世俗中践行独特性是很容易的。

终于，他有了足够的勇气去表达坚定的虔诚而不羞怯。此后，父母便允许儿子出国旅行，以见识更广阔的世界。第一次旅行是到邻近的英格兰领地去。后来，他扩大了旅行的范围，游历了许多国家才认识到自己的价值。

简而言之，幼年时的束缚被巨大的自由冲淡，并得到谨慎和温柔的管理，纪律的束缚也逐渐松弛，他很快就变得足够聪明，懂得管理自己，并从内心相信父母与老师伟大的爱和智慧。小时候会不时地对长辈的管教感到不情愿，但他成年后回首往事时，对长辈的管教和自己的顺从很满意。他常常愉快地回忆这些事情，就像上天赐予他恩惠一样。在这些恩惠中他得到了保护，度过了童年和青年时代，使他免于遭受无数的痛苦。

虽然已经不再接受严厉父亲的管理了，但是他仍然把父母当作朋友。虽然父母已经不再对他行使权威和绝对的命令，但他还是给予父母极大的尊重。在那些无关紧要的琐事上，他永远不会反驳父母的观点或与父母争辩。有些行为在他们家是完全禁止的，他非常注重家庭的和平，所以即使看不出有充分的理由表明这些行为是非法的，他也决不会参与其中。

虽然理性使他并不是总能接受父母的观点，但他仍然非常尊重那些虔诚和善良的榜样。无论何时当他开始重要的行动时，都向可敬的父母寻求建议，并体会到了天伦之乐。他并非全盘实践父母的观点，得到他们同意的同时还遵循自己的理性和选择。

一些放荡不羁的年轻人会嘲笑他像个孩子，还对那些老家伙那么顺从。他们叫住他，轻蔑地一笑，吩咐他说："断开绳索，挣脱束缚。"在大多数情况下，他注意到一个人同时摆脱了所有的枷锁，一瞬间打破所有自然和责任的束缚。他说："那些人拿文明的事物开玩笑，以同样的蔑视态度对待他们的母亲，我永远也不会因为他们的嘲弄而动摇。"

第30章　在女孩的教育中约束与自由的原则

适当地约束年轻人的行为很有必要。如果我们脾气暴躁，判断力又差，最明智的做法就是听从长辈的指导。他们真心在乎我们的幸福，而且比起年幼的我们，他们更能做出符合事实的判断。

但是，自由是一种十分美好的幸福，所以不能完全剥夺年轻人的自由，以免他们的精神受到压抑和奴役，灵魂的成长受到狭隘和严厉约束的阻碍，以至于一生都像未成年的孩子一样行事。或者有时过于严格的约束会适得其反，一旦尝到了自由的滋味，他们就会迫不及待地挣脱一切束缚而放纵自己。

但是要想做到适度实在太难！父母要想在孩子面前既保持权威又不失慈祥，用明智的纪律约束孩子的行为，使其不至走向极端，又不因斥责而不快，这是非常困难的！虽然我已经自由地表达了观点，但在不得已的情况下，过多的约束总不及过度放纵的危害大。

安提戈涅（Antigone）有一位出色的母亲，但年纪轻轻就去世了。安提戈涅和姐姐从小就由祖母抚养长大。这位善良的老妇人完全以自己受教育的方式教育她们，不得不承认，她所受的教育实在太过狭隘和严苛了；而且，她几乎把从长辈那里得到的教导悉数用在了姐妹俩的身上，几乎不允许她们离开自己的视线。看到姐姐在25岁时嫁了个好人家，并形成了良好的品德和坚定的信仰，看到自己用热情和真诚成功地将孩子抚养成人，她安心地告别了这个世界。

但安提戈涅并不高兴，她走的是与姐姐不同的路。祖母去世后没有人再约束她，突然间她可以掌管自己的一切，什么事都是自己说了算；再也没有人陪着她，她体会到了完全的自由，却也养成了普遍的恶习，每当回想起自己受教育的方式，她都会满口愤怒和讽刺。即使有了孩子，她仍然对祖母的教导心怀怨恨，因此决定以一种完全相反的方法抚养自己的女儿。

"在结婚之前，祖母几乎不允许姐姐在有人时说话，这么多年一直保持这种状态，直到结婚。有这样一句古谚语：'大人说话，女孩别插嘴。'但希望我的女儿不要做这种哑巴。

"祖母总是要求我们待在家里，除非有特殊的场合需要我们外出，可能一个月一次，或者一个夏天两次。她还教导我们做优秀的家庭主妇,并且教我们怎样好好打扫卫生,但我们对小镇的娱乐一无所知。如果我的女儿14岁时在大人面前和我24岁时一样尴尬,我会备感惭愧的。"

因此,安提戈涅以她认为合适的宽松方式教育女儿,她对教育的看法仅仅源于自己对长辈教育方式的厌恶,并选择了与之相反的教育方式。

在母亲眼里,小孩子10岁时就能够打理茶几,14岁时开始认识外面的世界,而且只要高兴就可以出门,安提戈涅不会陪着她们,或者给出明确的教导。她们很早就开始鄙视自己的母亲,因为没有她的陪同和提示,她们可以喋喋不休地说个没完。

她一周会送女儿去游戏屋两三次,在那里,她们天生的谦逊被消磨和遗忘,<u>谦逊是青春美德的守护者!</u>她们可以谈埃及艳后的爱情故事,并且已经能够很好地应付流言蜚语;由于缺乏更好的精神食粮,她们满口空虚无礼的话语。没人教导她们要自我保护,以至于在她们心中美德受到怀疑。尽管如此,她们还是禁不住诱惑,在16岁之前就结了婚,从此束缚于一件花边大衣、一顶时髦假发的日子。孩子们突然间需要经营自己的家庭,但是在所有问题上都如此无知,以至于使一切都变得非常糟糕。

安提戈涅认识到自己的错误时已经太晚了,尽管对自己放纵不羁的生活并没有这么多担心或恐惧，但是看到自己这么快就被孩子忽视和嘲笑，她还是很焦虑。但是她叹了一口气说，正是自己造成了这一切，因为她经常在孩子面前嘲笑亲爱的老祖母。

弗罗妮萨（Phronissa）在对女儿的教育方面真的要明智得多。她在上个时代的严厉的教育方式与现在这种大胆放手的教育方式之间做到了很好的平衡。她对女儿的教育方式恰到好处又令人敬佩，她虽然用美德和各种规范来约束孩子，但她们从来没想过要超越现在每天所享受的自由。

在弗罗妮萨的女儿们还小的时候，每天都会在托儿所里待几个小时，那里会教小孩子一些优美的诗文，直到她们能够独立阅读。随着年龄增长，她们更懂事了，手里的书能够让她们以一种简单的方式熟知谨慎和虔诚的规则：阅读杰出人物的生活事迹是她们用来学习和娱乐的方法之一。利用这种方式及其他方法，她得以明智地适应晚年的生活。而她的女儿们获得了所有适合女性学习的知识，这使她们受到尊敬和认同。

至于戏剧和浪漫故事，她总是对它们曾经的危险举动和恶作剧深感忧虑：科利尔对舞台的看法一书被早早地束之高阁，因为孩子们可能会从这本书中学到英国喜剧中的亵渎和不道德。顺便说一句，科利尔无法像悲剧诗人一样，让我们得到更安全的娱乐。因此，她们需要读很多书，于是没机会去游乐场；她们能看到危险，但不会受伤害。

弗罗妮萨一直都知道家庭美德是女性追求的事业和荣誉。她不断地教育女儿们如何处理家庭事务，让她们及时知道桌子上应该放什么东西，每个房间应该放什么样的家具。尽管她的生活还不错，但她自己为孩子树立榜样，让她们知道，经常去厨房并不会降低身份，普通的家庭琐事也不是不值得她们关注，她们以后能管理自己的家，让自己生活得井井有条。

她们很早就开始学习针线活，精通各种各样的针线和花艺。但对于她们来说，这既不是任务，也不是苦差事，她们也没有把时间浪费在那些体面而乏味的工作上。为了使这个练习变得愉快，她们中的一个人总是在别人工作时找些有用的东西给伙伴们解闷。每个人都有自由和勇气来提出喜欢的问题，并且就目前的问题发表意见。阅读、工作和交谈可能会让时间充满变化和乐趣。

弗罗妮萨本人性格活跃，憎恶懒惰散漫，因此不断地为女儿们找一些有趣、愉快的活动，好让她们厌恶懒散，并把这视为一种恶习，把她们培养成活泼、积极的人。

她们被教导要以符合年龄的方式接受探访。她们对服装的式样十分熟悉，不会受到不时髦样式的困扰，她们的思想内涵富足，不会把话题引向无聊、琐碎的内容上去，客厅的氛围不会陷入沉默或索然无味。她们不会冒犯来访的女士，也不会表现出轻蔑无礼的态度。

我必须在这里以她们的名誉发表这些言论，让她们成为广大女性的榜样。她们所有的装饰品都与时尚相协调，只要时尚是温和的，并且符合理性。弗罗妮萨知道一种自然的和谐和宜人的事情：在色彩和体形的美中，她有着敏锐细腻的品位；但她总是很细心地教女儿们在家具和服装方面区分奢侈和自然的高雅。

她们拥有显赫的地位，但从不靠新式服装来展现这种地位。她明智的榜样和指导在她们心中已经成型，使她们看到比自己的衣服更华丽，甚至更时髦的衣服时，能够不嫉妒或羡慕。

随着时间的推移，弗罗妮萨教会了她们接纳快乐的艺术，而且没有丝毫冒犯之意。如果当众生出流言，很快就会被转移或抑制。她要求孩子们跟邻居说话时讲礼貌，但会适当地保持沉默。当面对穷人、老人、瘸子或盲人时，都会以温和的方式加以对待，她们从不取笑天生虚弱的人。她认为在苦难中有一些神圣的东西，不能用粗鲁的手去触碰。

她始终尊敬杰出的人物，这种态度也影响了她的家人。无论何时她称呼父母都充满崇高的敬意和爱，自然而然地引领孩子们给予所有年长的亲属应有的尊重。

这些年轻女士总是被限制在家里吗？她们从来没有出来看看这个世界吗？不，她们会去外面增长见识，但不去母亲认为可能不安全的地方。

她们在各种日常事务中都有自由的选择，但在大多数情况下，她们很乐意征求长辈的意见。弗罗妮萨用理智和关爱来平衡自己对年幼的孩子的管制，所以她们看起来拥有极大的自由。她们愉快地遵守父母的劝告，从未质疑过。

就像她们在幼年时期接受的命令，父母的愿望和渴望对她们而言还是很重要。因为命令从来都是用最柔和的权威语言表述的，而服从的每一个行为都是快乐，它们最终会成为一种让人习以为常的快乐。

简而言之，她们曾经受到谨慎、耐心的教育，为成长奠定了良好的基础，让她们觉得自己是幸福、有用的人。父母怀着愉悦的心情，憧憬着她们的成长，伴随着关怀，他们最慷慨的奉献得到了回报。